U0085094

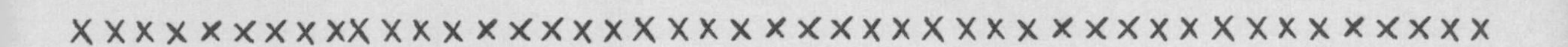

裁縫新手的100堂課

520張照片、
100張圖表和圖解，
加贈原尺寸作品光碟，
最詳細易學會！

裁縫師的女兒
楊孟欣 著

朱雀文化

序

做夢想的工作

自從踏入裁縫這行，從學設計、做設計，算一算時間，距離學專業的打版做衣服，也差不多有10多年了。時間過得好快，不知不覺日子就在忙碌中度過，而回顧當初踏上這條路的初心，我慶幸自己仍然保有對設計的熱誠與熱情；更幸運的是還有機會出了不少相關的書籍，和大家分享自己多年的所學。

做任何事情，基礎功夫真的不能省，打好基礎，才會有穩固的發展；就像設計的這條路，也必須從手工開始，輔以前人的論述，按部就班的學習。裁縫也是一樣，想要作品精美，基礎的手縫功夫是不容忽視的，手縫技法到縫紉機的基本功能，學習過程不可操之過急，認真的反覆練習是必然，也是必要的。

本書內容，是以100個Q和A的形式羅列出各種操作過程中的狀況，內容添加了許多我以往出版過的書中，或者其他裁縫書中不常提到，但卻又實用的縫紉技法，相信讀者在閱讀書中詳盡的技法教學過程後，可以有更多的收穫。雖然每個縫紉的基本技法單一看起來似乎沒有特別之處，但當它們加總起來搭配運用時，卻可以讓一塊不起眼的布呈現更精美的作品。書中所提及的技法，都是可以互相搭配的，希望初學者在讀完整本書的技法後，可以很有信心的完成自己生平第一件裁縫作品；更希望已有縫紉經驗的讀者，在擁有本書之後，獲得更多縫紉的知識。而大家在閱讀完本書之後，可以面帶微笑的朝向自己的裁縫手作世界邁進，完成一件件可愛又實用的布作品，這對我就是最好、最實質的鼓勵，也是我目前現階段最想實現的夢想工作之一。

Shin

2010.8.10.

Contents
目錄

PART 2 認識布料和輔料 第22～40課

同場加映 XXXXXXXXX

PART 3 正確的測量和製圖 第41～49課

同場加映 XXXXXXXXX

PART 4 實用的裁縫技法 第50～70課

同場加映 XXXXXXXXX

Contents

PART 5 初學者必會的縫紉基本功 第71～100課

本書中的表格

PART 1

認識縫紉的基本工具

同場加映

Q1 我的預算有限，除了一台縫紉機，如何選購其他工具最精省？

A 尤其對縫紉新手來說，的確不需剛開始就買一大堆工具，只要先準備以下幾種類的基本工具，像測量和製圖、剪裁、縫紉和輔助工具等等就足夠了。不過在購買前，必須瞭解它們的外觀和功能。

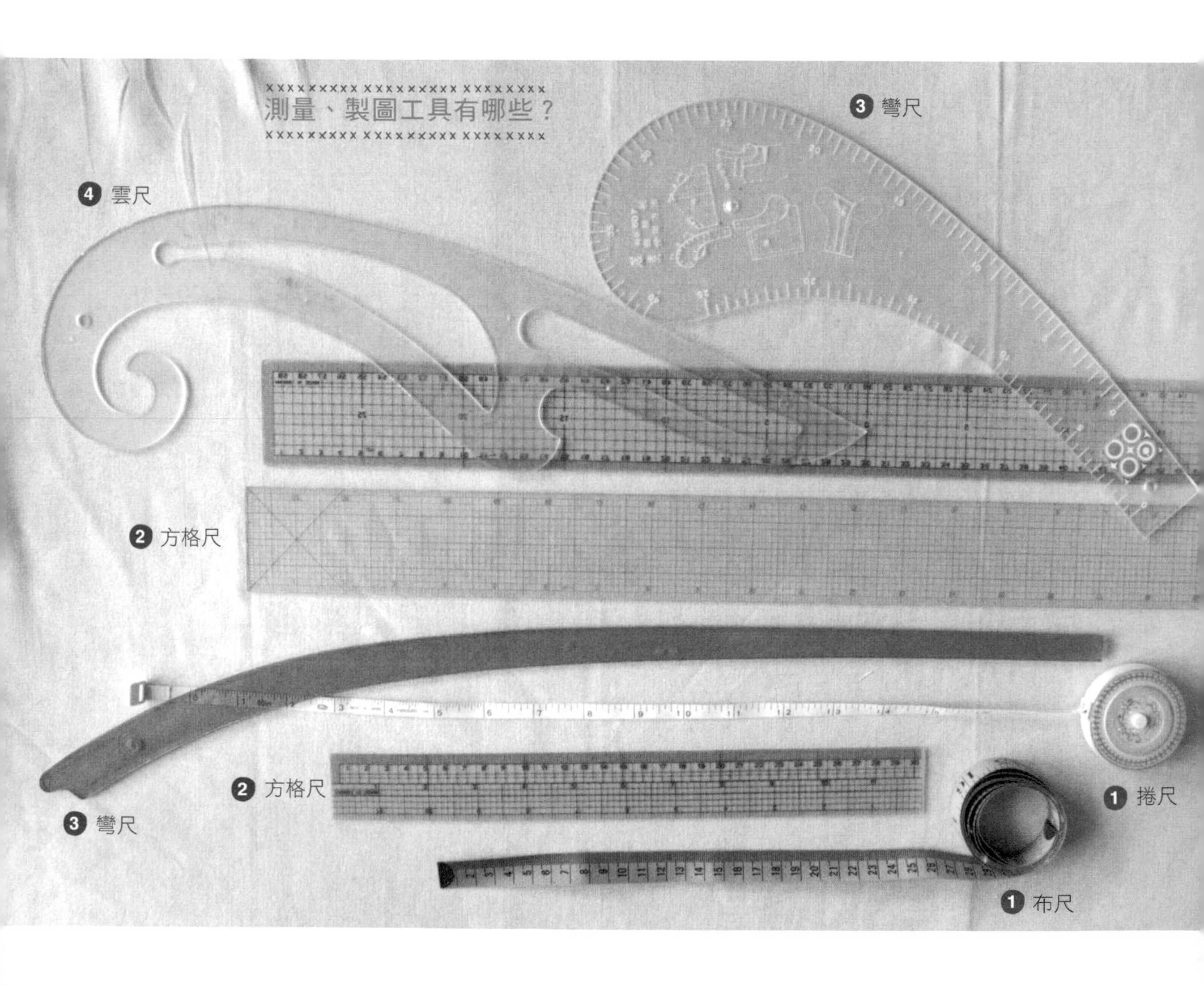

❶ 布尺、捲尺

丈量身圍尺寸時使用，尺的兩面都有測量單位，分別是公分（cm）和吋（inch），捲尺因為有伸縮機關，比較方便隨身攜帶和收納。

❷ 方格尺

透明的尺規，印有標準90度的格線，方便畫出垂直線和水平線。加上材質有柔軟度，還可藉它量取弧線的長度，有分公分（cm）和吋（inch）兩種規格。

❸ 彎尺

又叫作火腿尺，可用來畫袖子、領子或者脇邊的線條。

❹ 雲尺

又叫作曲線板，多用來繪製衣服袖山或領圍等彎曲線條。

裁剪工具有哪些？

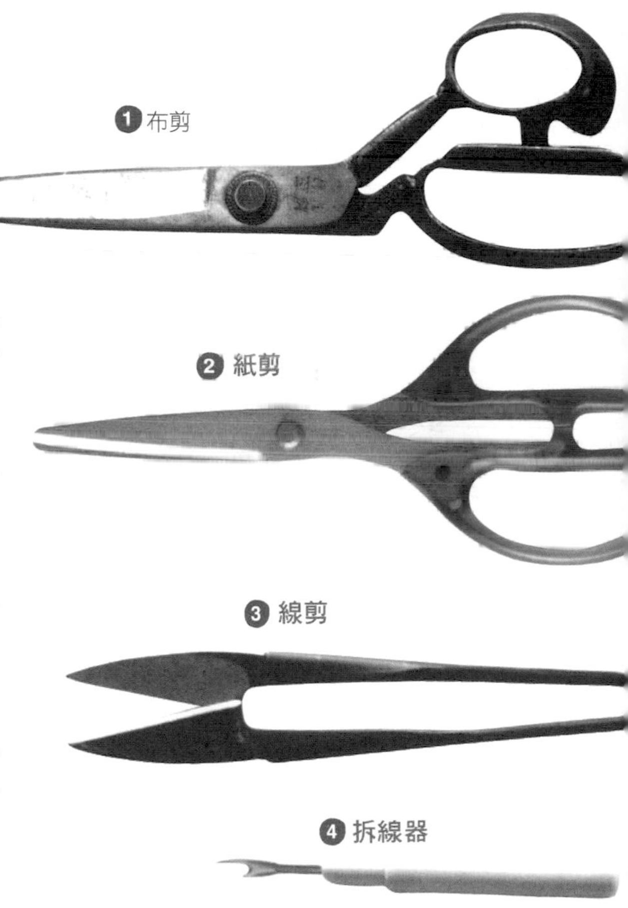

❶ 布剪

指剪布的剪刀。布剪要避免摔落地面或碰撞，否則刀刃會留下刻痕，雖然這種剪刀使用上注意事項較多，但好處是它比塑膠把手的布剪還長壽，即使不鋒利了，經過打磨後又跟新的一樣，而塑膠把手的剪刀若不鋒利，只能當紙剪或丟棄。

❷ 紙剪

指剪紙的剪刀。剪刀一定要依功用分開使用，才能維持紙剪刀的鋒利度。

❸ 線剪

專門用來剪線和線頭的剪刀，短柄設計可方便手握，開闔有一定限度，可防止不慎剪到太靠近線頭的布。

❹ 拆線器

拆除車縫線時的好幫手！利用尖端挑起車線，彎處有刀可以切斷挑起來的線，有時候搭配錐子也是不錯的拆線方式，但使用拆線刀要注意不要用力過度劃破布料。

縫紉工具有哪些？

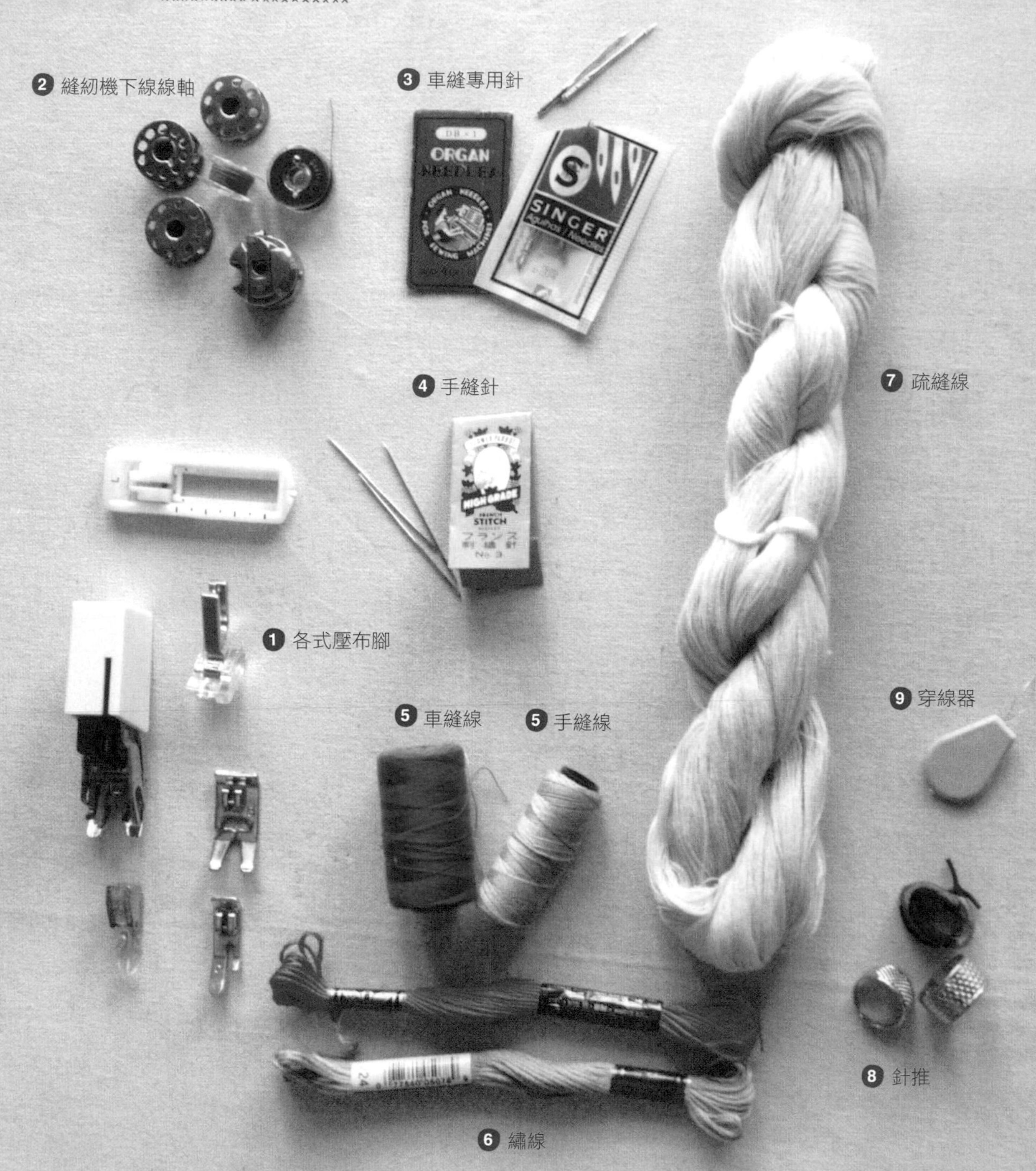

❷ 縫紉機下線線軸
❸ 車縫專用針
ORGAN NEEDLES
SINGER
❹ 手縫針
HIGH GRADE
FRENCH STITCH
フランス
刺繡針
No.3
❼ 疏縫線
❶ 各式壓布腳
❺ 車縫線
❺ 手縫線
❾ 穿線器
❽ 針推
❻ 繡線

❶ 各式壓布腳

購買縫紉機時，會隨機附贈常用的壓布腳，各有各的功用。像萬用壓布腳可車縫直線，拉鍊壓布腳用來車縫一般拉鍊，隱形拉鍊壓布腳用來車縫隱形拉鍊，釦眼壓布腳幫助方便車縫釦眼。

❷ 縫紉機下線線軸

縫紉機下線所需的線軸，購買時最好核對和自己的縫紉機同款的線軸，市面上線軸尺寸眾多，需搭配縫紉機型號購買。

❸ 車縫專用針

車針的粗細，必須依布料的厚度決定，厚布料選用號碼大的車針，而薄布料則選用號碼小的車針，一般使用10～14號針皆可。工業用電動平車使用圓針，手提式縫紉機則使用平針。

❹ 手縫針

同樣有粗細之分，並且有各種長短尺寸。細針適合用在經緯布紋較細小的布料，粗一點的針則適合用在布紋較粗大的布料。針的長短則視個人習慣，大約4～5公分長的針比較好操作。

❺ 車縫線、手縫線

也有粗細之分，數字號碼愈大代表線愈細，像80番（號）線就是極細，手縫線一般是使用20番（號）線，若要車縫牛仔褲，則多使用10番（號）線。

❻ 繡線

繡圖案用，一條繡線裡共由6條細線組成，細線的單位稱為「股」，所以是6股。

❼ 疏縫線

100% 純棉，線質粗軟，作品完成後可方便拆除，又不會傷到作品。此外，也用在於布的中心作記號點，相當實用。

❽ 針推

套在中指的第二關節，常見的有圓環戒指形、指套形，在手縫過程中有效地幫助施力並且保護手。

❾ 穿線器

用來幫助穿針引線的小工具，方便將細線順利穿過針孔。

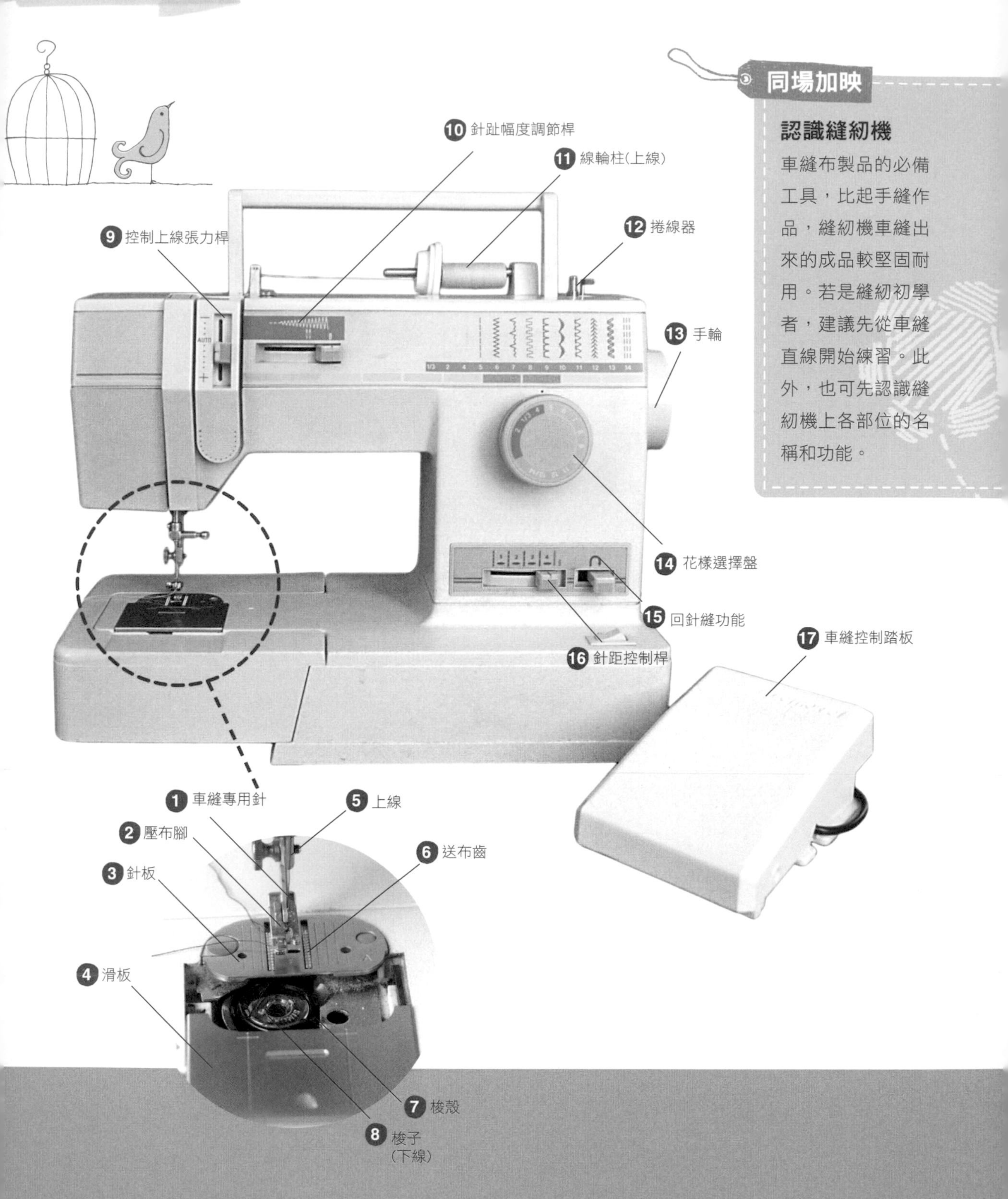

同場加映

認識縫紉機

車縫布製品的必備工具，比起手縫作品，縫紉機車縫出來的成品較堅固耐用。若是縫紉初學者，建議先從車縫直線開始練習。此外，也可先認識縫紉機上各部位的名稱和功能。

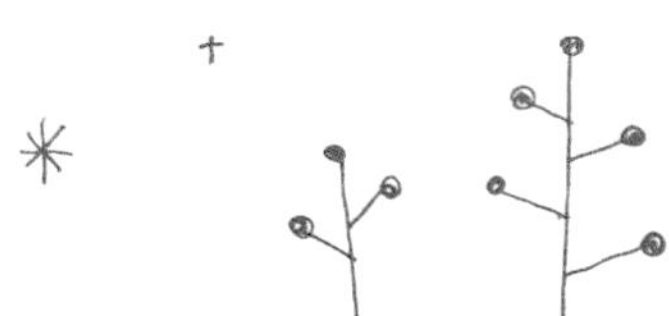

❶ **車縫針**　縫紉機專用針，各廠牌縫紉機的安裝拆卸方式有些許不同，選購時要問清楚，以免買錯。

❷ **壓布腳**　樣式很多，通常需配合功能，像布邊拷克、車縫拉鍊、滾邊和開釦眼，都需更換專用的壓布腳，千萬不要搞錯囉！

❸ **針板**　針板上通常會有刻度，為了使車縫時對位送布更方便，只要靠齊刻度車縫，加上適當的控制縫紉機速度，通常車線都會車得直又美。

❹ **滑板**　有些型號的縫紉機因為底線的安裝方式不同，可能沒有這個滑板裝置，主要是用來放置梭殼和線軸。

❺ **上線**　車縫時，布上方的用線。

❻ **送布齒**　移送在壓布腳下方的布料。

❼ **梭殼**　安置下線所屬的線軸。

❽ **梭子（下線）**　車縫時，布下方的用線。

❾ **控制上線張力桿**　調整車線的鬆緊度裝置。

❿ **針趾幅度調節桿**　控制針線左右寬度的裝置，像拷克動作時會用到。

⓫ **線輪柱（上線）**　安放上線線軸處。

⓬ **捲線器**　當下線用盡時，可快速將空的線軸補滿線的裝置。

⓭ **手輪**　可以右手控制、微調縫紉動作的裝置。

⓮ **花樣選擇盤**　選擇花趾（繡花花樣）的控制裝置，每種型號的花趾款式多少略有不同，購買縫紉機時可多比較。

⓯ **回針縫功能**　這是每部縫紉機除了車縫功能以外，最常用到的裝置，縫紉的起訖點都必須用到。

⓰ **針距控制桿**　控制針距的裝置，數字愈大，代表車縫出來的線針距愈大。

⓱ **車縫控制踏板**　控制縫紉機車縫動作的裝置，現在新型的縫紉機多了可以手控車縫的裝置。

輔助工具有哪些？

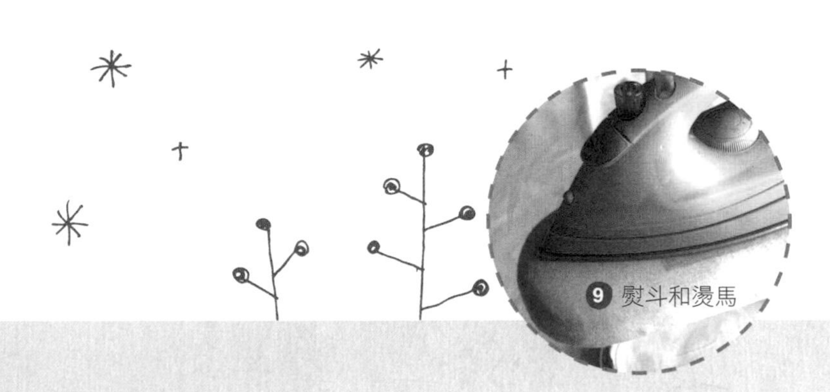

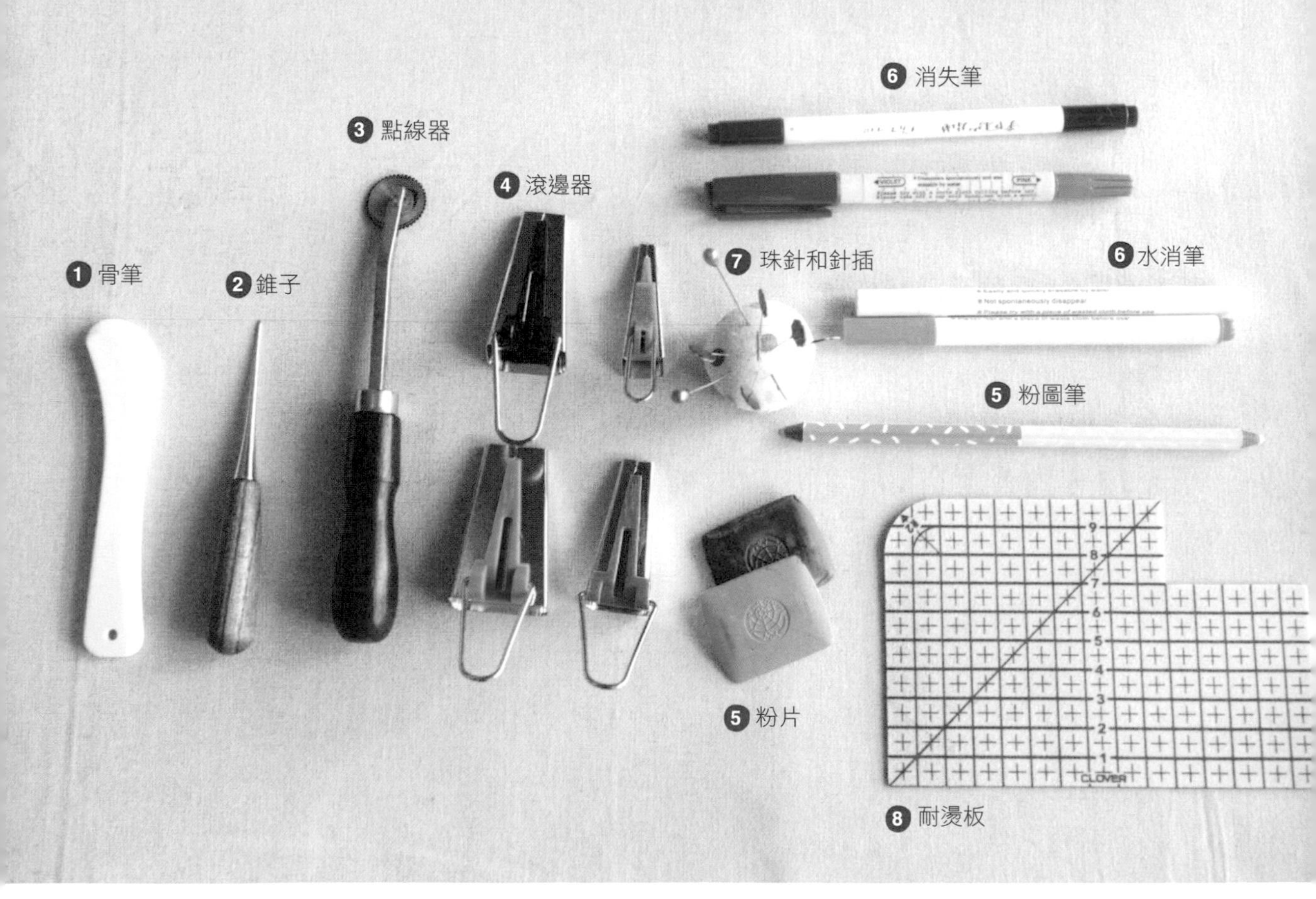

❶ 骨筆

❷ 錐子

❸ 點線器

❹ 滾邊器

❺ 粉片

❺ 粉圖筆

❻ 消失筆

❻ 水消筆

❼ 珠針和針插

❽ 耐燙板

❾ 熨斗和燙馬

❶ 骨筆

在不需要熨斗的情況下，使用骨筆可以方便摺好布邊或者轉折處。

❷ 錐子

車縫過程中，以錐子代替右手指輕壓布，可防止不慎被車針刺到手指。有時用在挑線、挑細小角落的布邊也很方便。手指無法完成的動作，都可以試試用錐子來完成。

❸ 點線器

又叫作點線器，方便在紙（版）型或布料上做出點狀記號的工具。

❹ 滾邊器

可將裁剪好的等寬布條，藉由通過滾邊器和熨斗整燙兩邊，做成滾邊的布條。

❺ 粉片和粉圖筆

畫布料專用的記號筆，可用濕布或以手拍打消去痕跡，比較適合用在深色布上做記號。

❻ 消失筆和水消筆

消失筆畫的線條暴露在空氣中會逐漸消失，水消筆則需要靠水洗消失，都很適合在淺色布料上做短暫記號，消失後不會留下痕跡。

❼ 珠針和針插

用以暫時固定布片或紙（版）型時使用，長度約3.5公分的珠針，較方便手抓取使用。

❽ 耐燙板

這類燙板因為材質本身耐高溫，適合搭配熨斗將布邊緣燙定型使用。

❾ 熨斗和燙馬

縫紉工作必備的工具之一，方便整布。燙馬有尺寸大小，像特別針對大面積布料，或者袖管褲管所需的長型尺寸，可依作品需要再購買。

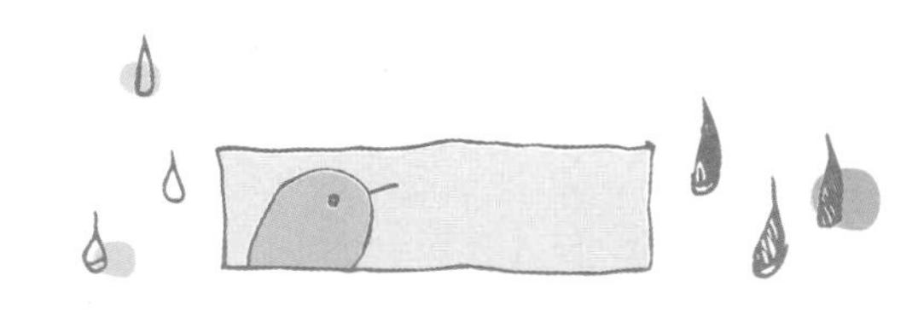

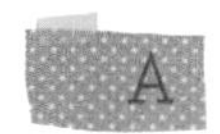

Q2 我是縫紉新手，該如何選購我的第一台縫紉機呢？

A

第一次購買縫紉機，除了配件、功能等注意事項外，因機器可能因個人操作習慣等原因會故障，加上縫紉新手經驗尚淺，更應考慮到維修的問題。以下提供幾個購買縫紉機時的注意點，供新手讀者們參考。

選購縫紉機的重點

❶ 購買地點和廠商，是否有完善的技術諮詢和售後服務。

通常新手購買縫紉機建議可以多參考數家，比較功能、售後服務，更要確認購買後如遇到使用上的問題，能有專業人員可供詢問。新手操作縫紉機時，常因經驗不足而造成縫紉機功能故障，雖不至於永久故障，但有親切的服務資源是比較妥善的。

❷ 詢問是否可以車縫牛仔布等厚布

縫紉機車縫幾乎都可以車縫一般厚度的布作品，但有一點要注意的是，是否能車縫較厚的布料。像鋪棉布、牛仔布就容易造成簡易小縫紉機卡線，或者上下線不協調的問題而造成斷針，因此，在購買時一定要確認能否車縫厚布。如果現場有樣本機器可以測試，建議親自操作會更好。

❸ 購買縫紉機贈送的配件

購買縫紉機時，可詢問是否有贈送常用的壓布腳，像萬用壓布腳、一般拉鍊壓布腳、隱形拉鍊壓布腳、釦眼縫壓布腳等等，不然都得另外購買。

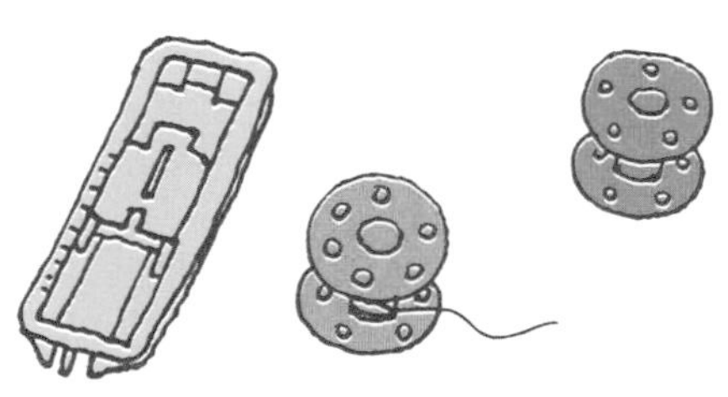

同場加映

迷你縫紉機能做什麼？

迷你型縫紉機通常是針對簡易式縫紉所設計的機種，價格較便宜，但車縫物的限制相對也大。這種迷你型的小縫紉機比較適合車縫厚度固定、較薄、布質較軟的作品，否則易斷針、卡線，造成危險。

Q3 我家沒有縫紉機，一定要有縫紉機才能縫製布作品嗎？

縫紉機是一種輔助工具，幫助更快速地完成縫製作業，不過。既然是輔助工具，代表不一定非買不可。沒有縫紉機在速度上的幫助，縫製速度雖然會比較緩慢，但同樣可以完成布作品。

有時單靠手縫完成的布作品，它的質感反而是縫紉機工整的線條無法營造出來的。況且，若手縫技巧練到純熟，也有助於在縫紉機車縫好的作品上，加工做一些修飾和裝飾的工作。因此，新手在初學階段沒有縫紉機也沒關係，反而手縫技法本來就是基本工，基本學好作品才會紮實。

Q4 如果沒有縫紉機，想以手縫製作，該準備哪些工具呢？

手縫布製品所需要的工具很簡單，只要準備手縫針、線、指套或針推，以及線剪、紙剪、布剪等工具，就可以開始縫製作品囉！

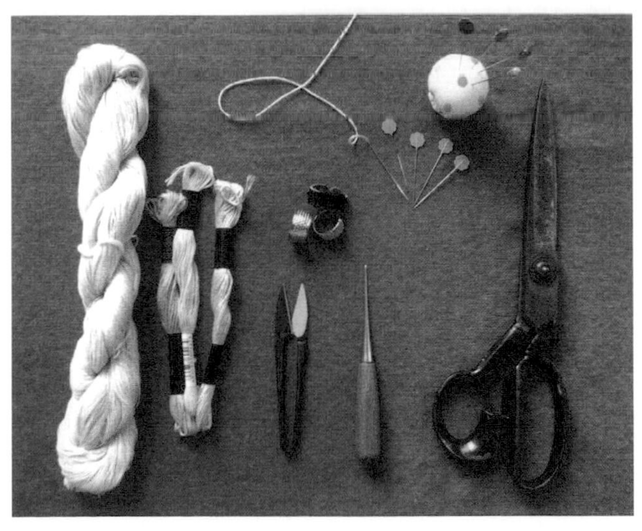

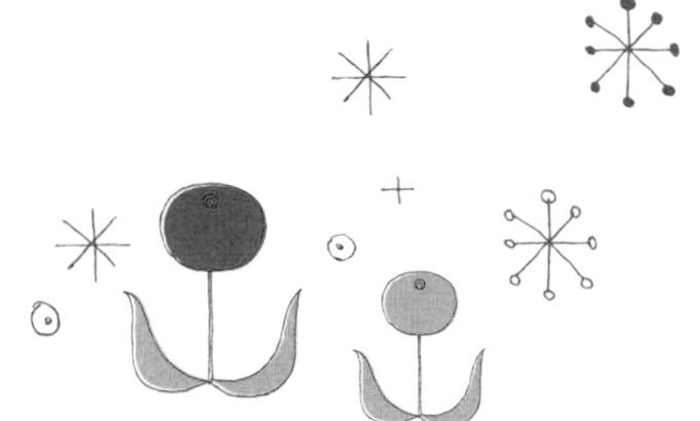

Q5 不同廠牌的縫紉機記號也相通嗎？

雖然不同廠牌的縫紉機操作上略有差異，但所有的縫紉記號都是通用的，只要熟記這些縫紉記號，即使碰到不同廠牌的縫紉機，也不用太緊張。先仔細觀看縫紉機的操作圖示和機體上記號標示，再配合使用說明書，就很容易上手了。

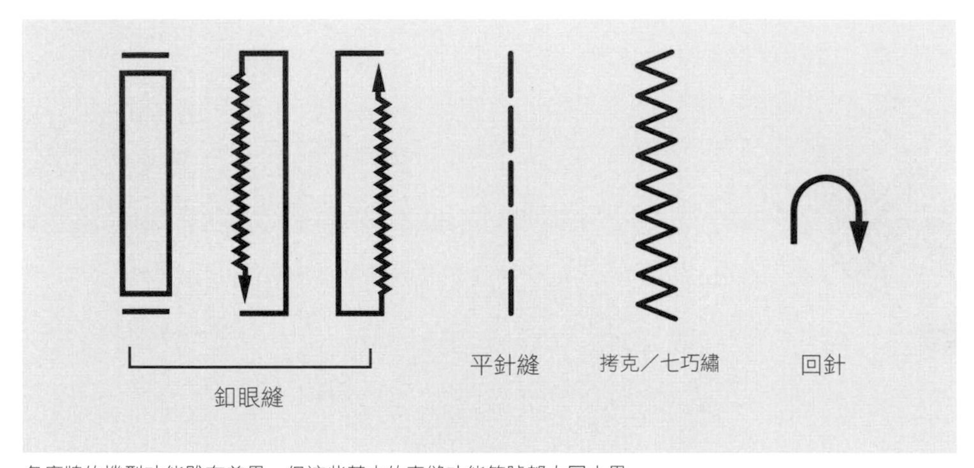

各廠牌的機型功能雖有差異，但這些基本的車縫功能符號都大同小異。

Q6 手縫時只用到一條線，為什麼縫紉機卻有分上線和下線？

縫紉機是機械工具，無法像手縫一樣，只使用一條線就可以將布料縫合。所以，縫紉機線目是雙線的，有上線和下線的分工，在布料的兩面各司其職。當上線穿過布料到達下線軸的位置時，下線軸會轉一圈將下線和上線交叉，等上線抬高後，車縫線就固定在布料上了。而車縫的過程，就是不停地重複這樣的動作。

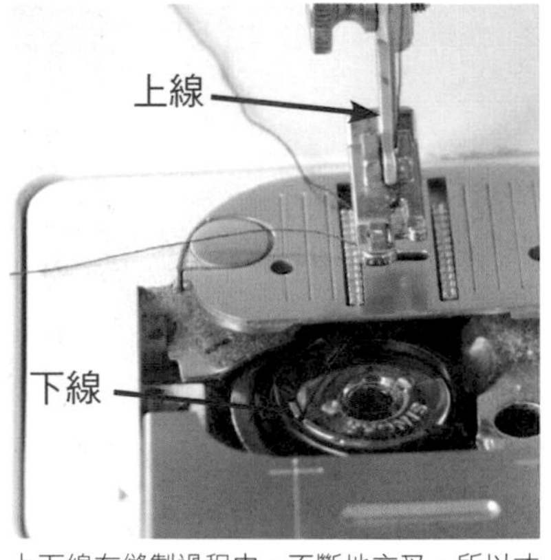

上下線在縫製過程中，不斷地交叉，所以才能車出縫線，固定布片。

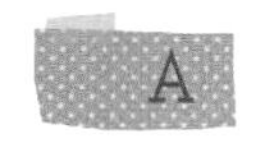

Q7 該買哪一號縫紉車針才對？

A 一般來說，從10～14號的針碼皆可。但因部分的縫紉機種有專用針，購買時需詳加說明自己的縫紉機型號和所需要的針碼。

同場加映

為什麼一縫牛仔布，我的車針就斷了？

對於牛仔布這類又厚又硬的布料，建議使用14～16號針，如果使用細針車縫厚布，容易有斷針、卡線的危險。車縫時要隨時注意布的厚度，牛仔褲的褲管要車得漂亮，重點在於通過厚度較厚的地方要邊車邊拉，避免較厚的部分卡在原地不動而造成針目不順。時下流行的手提式縫紉機更需特別注意，車縫這類厚硬布料時要放慢車速，否則容易造成斷針，或者下線卡線。

因各家縫紉機可能會有相對應的專用針，所以購買前，要向店家說明縫紉機的型號。

Q8 可以拿家裡現有的手縫線，和縫紉機的車縫線互換使用嗎？

當然，如果家裡現成的線能夠和車縫線互換使用最好不過了，不過，必須先注意線的粗細，以及線軸是否合乎自己的縫紉機。

車縫線互換的重點

❶ 線的粗細是否和車縫線雷同

通常買來的線包裝上會標有番號（號碼），代表線的粗細。一般的車縫線是使用80番（號）線，數字番號（號碼）愈大代表線愈細。其實，只要線的粗細能通過車針孔，多半就可以車縫。此外，除了80番（號）線，20番（號）手縫線也可以當作車縫線來使用，雖然略粗一點，但會有不同的效果。手縫線的番號（號碼）愈大代表線愈粗，反之則愈細。牛仔褲上的車線則為10番（號）線。車縫線通常使用2～3股的紗線。

圖中左邊三色為80番車線，右邊三色為20番車線。

❷ 線軸是否適合放在縫紉機上

如果線的粗細剛剛好，接著只要確定線軸可以安裝在縫紉機上，就可以用來車縫了。有些線即使粗細相符合，但因軸心太小無法安裝在縫紉機上，也不適合用來當作車縫線。

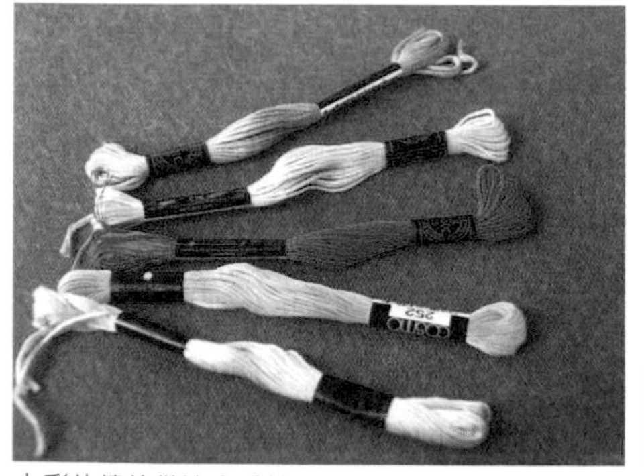

七彩的繡線僅適合手縫，不適合安裝在縫紉機上，容易斷線。

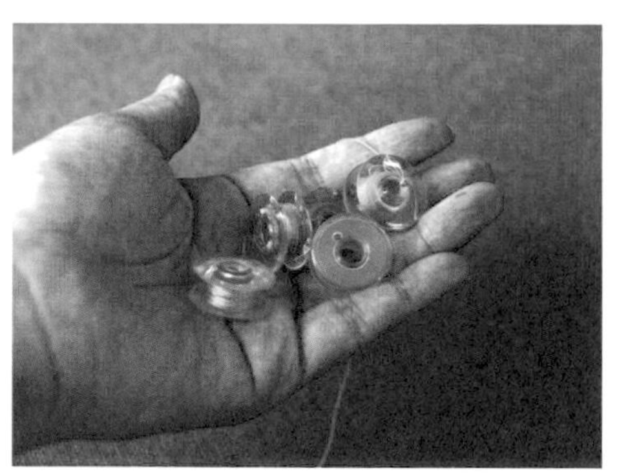

同樣有軸心，但圖中的小線軸只適合放在下線梭殼中使用。

Q9 眼睛花花穿線老是失敗，如何利用穿線器輔助？

對某些上了年紀，或者眼力不佳的人來說，有時針孔太小還真是麻煩！這時建議使用穿線器這個輔助工具，讓穿針引線更有效率。參照以下的步驟，會發現小小一片穿線器真的很好用喔！

穿線器使用方法

❶ 穿線器導入針孔

將穿線器一端細銀線圈導入針孔中。

❷ 線導入穿線器

將縫線導入穿線器剛才的細銀線圈中。

❸ 拉出穿線器

將穿線器拉出，縫線也會順勢穿入針孔中。

❹ 完成囉！

縫線順利穿入針孔中囉！

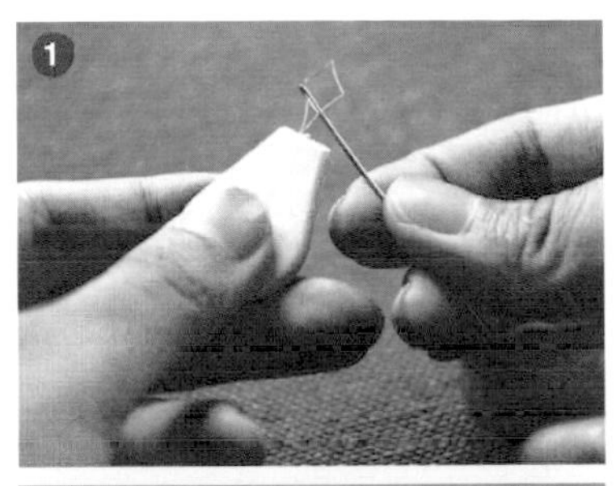

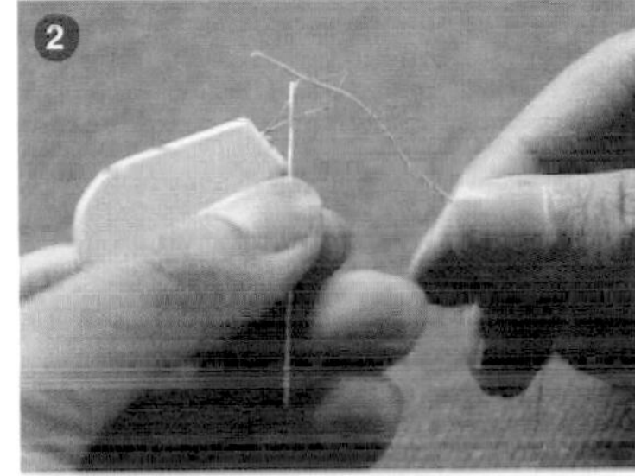

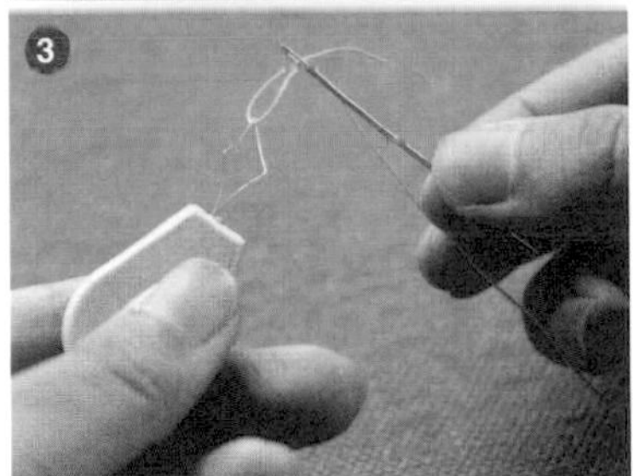

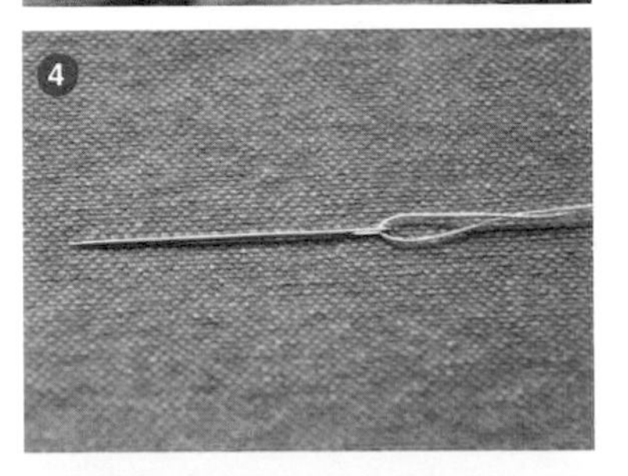

Q10 點線器和複寫紙該如何使用？

點線器又叫作壓線器，是方便在紙（版）型或布料上做出點狀記號的工具。如果要在布料上做記號，若能夠搭配縫紉專用的複寫紙會更有效率。點線器搭配複寫紙的用法，可參照下圖「點線器畫記號方法」。

有了點線器，做點狀記號更不費力氣。

點線器畫記號方法

❶ 將複寫紙放在布料上

將縫紉用複寫紙放在布料面上，記得複印那面要朝著布面。

❷ 以點線器開始畫

以點線器按照記號在複寫紙上開始畫，畫完之後再將複寫紙移開，就看得到整齊的記號。

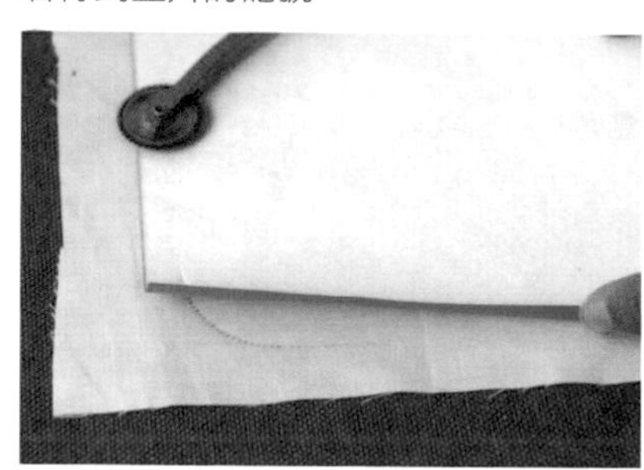

Q11 縫錯了拆縫線一個頭兩個大，欲哭無淚怎麼辦？

拆除縫線的工具有兩種，大多數人會選擇使用拆線器！但拆線器如同雙面刃，優點是可將挑起的線截斷，但缺點是想拆除的車縫線很長，要一一挑起截斷，反而浪費時間。這時，不妨先以錐子挑線，再拉起車縫線，反而能快速拆除縫錯的線。錐子拆除線的正確操作方法可參照下圖。

錐子拆線方法

❶ 選擇車縫線比較鬆的一面

通常布料兩面（上下線）一定會有一面車縫線會稍微鬆一點，選鬆一點的會較容易拆除。

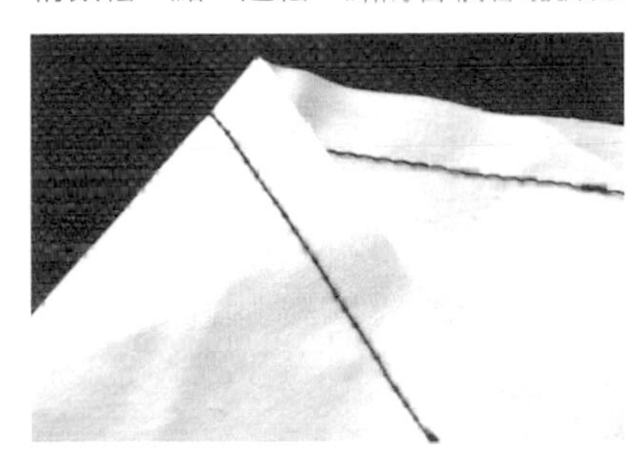

❷ 以錐子穿入其中一小段車縫線開始拆除

用錐子挑起車線，另一支手抓緊布料，拉線過程中如果線斷了就挑起下一段，繼續拉，一直到線都去除為止。

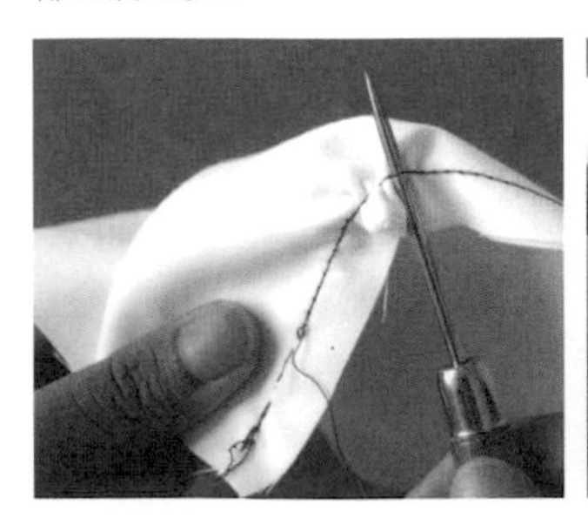

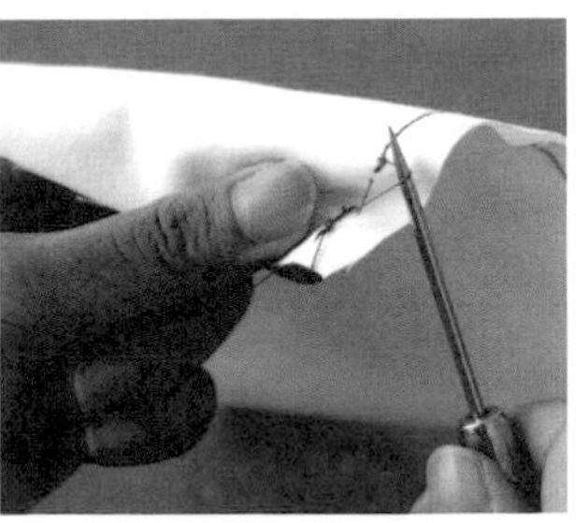

同場加映

錐子和拆線器長得很像，使用上有什麼差別？

兩者都有類似的功能，但因為錐子可以分段去線，迅速地將車縫整個拆除，而且留下的線渣也不會零零碎碎的難以收拾。所以，我個人推薦以錐子來拆線。

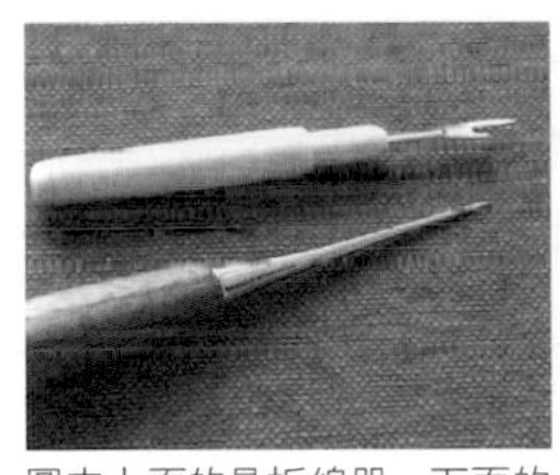

圖中上面的是拆線器，下面的是錐子。

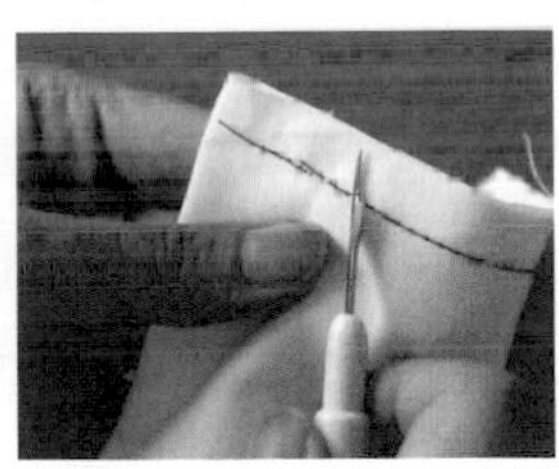

使用拆線器將縫線挑起後截斷

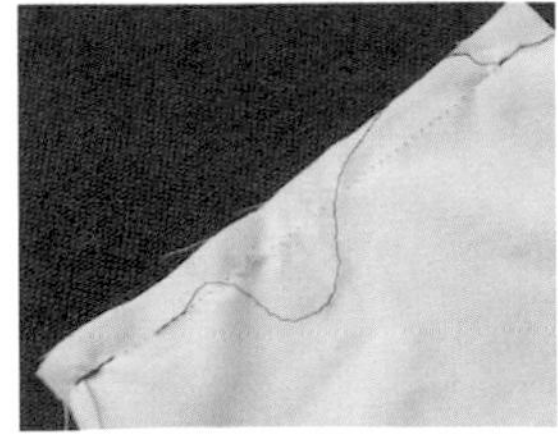

使用拆線器拆除車線後的情形

Q12 圓領上衣的領子邊緣，如何製作才會漂亮？

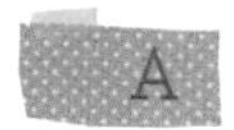

祕訣在於：在圓領上衣的邊緣，滾上布條。製作布條時，利用滾邊器就可以將裁剪好的布條預先燙成同寬的布條，方便滾邊車縫。製作上，先認識常用三種尺寸的滾邊器，參照「滾邊器尺寸和布條寬度表」，裁好自己所需尺寸的布條，接著，再參考以下步驟圖，將剪好的布料製成布條。

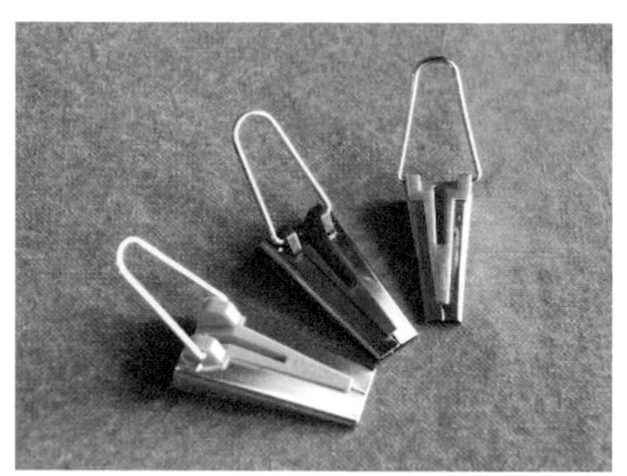

3種常用尺寸的滾邊器，左邊的尺寸最大。

滾邊器尺寸	布條剪裁寬度
12mm	2.5公分
18mm	3.5公分
25mm	5公分

滾邊器尺寸和布條寬度表

布條製作方法

❶ 將布以45度角斜放

將布料斜放，利用方格尺的正斜角記號做為斜布紋依據。

❷ 用消失筆畫上記號

以消失筆在布料的斜紋方向，繪製裁剪滾邊器所需要的布條寬度（參照「滾邊器尺寸和布條寬度表」）記號，線須等距寬度。

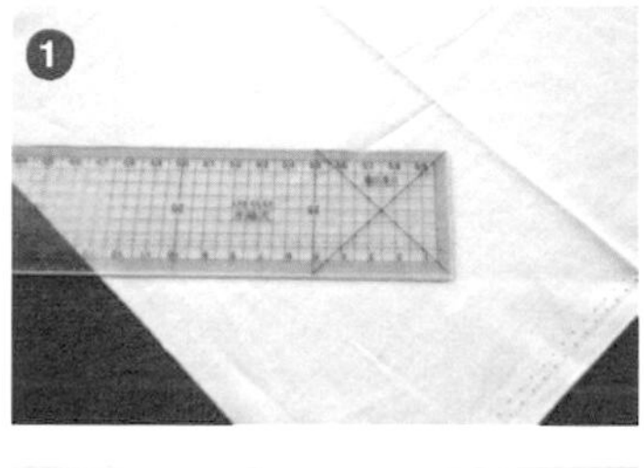

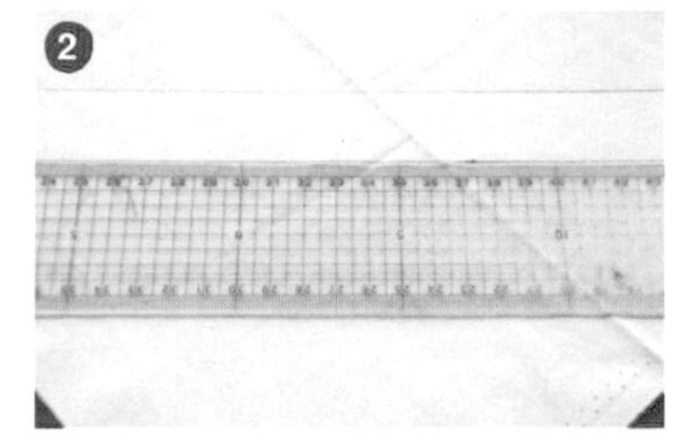

❸ 布條導入滾邊器

畫好之後剪下布條，使用錐子將布條導入滾邊器，由前端拉出局部的布條。

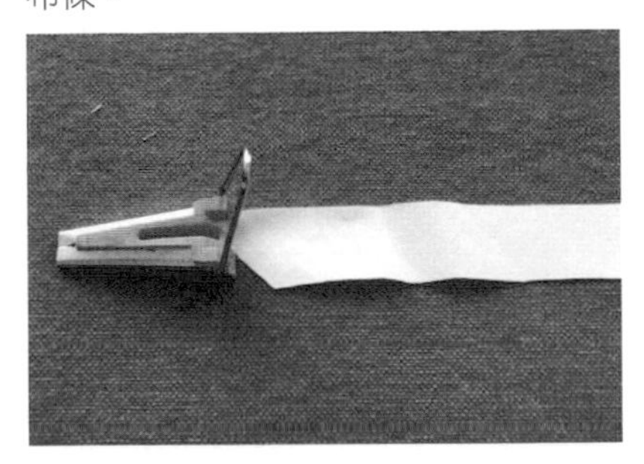

❹ 以熨斗燙好布條

以熨斗從前端熨燙布料，並順勢推動滾邊器直到布條尾端都拉出，且熨燙完畢為止。

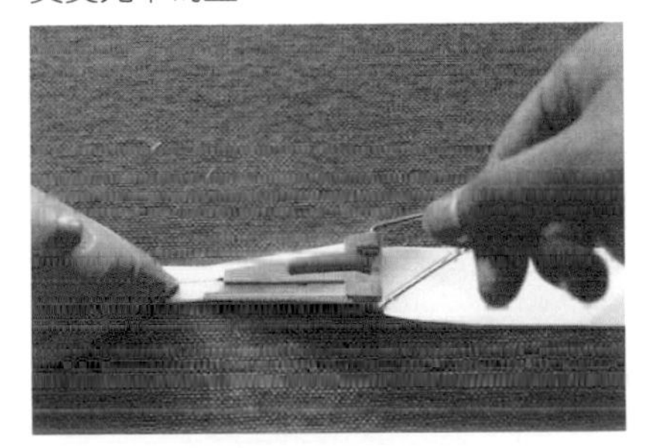

❺ 布條完成囉！

將熨燙完整的滾邊布條車縫在布邊上（例如圓領上衣的領邊），成品就會等寬又美觀。

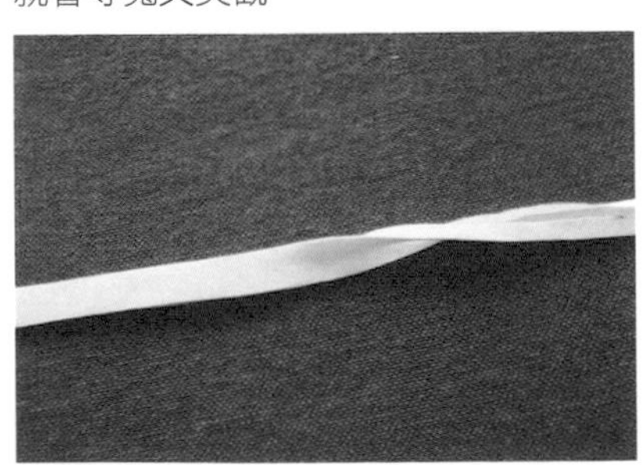

Q13 DIY其他手工藝時發現珠針很好用，在縫紉方面派得上用場嗎？

A

珠針是輔助DIY手作時非常實用的小工具，尤其在縫紉過程中，有時無法以手按壓的動作就可以使用珠針。那麼珠針有哪些用途、還能用在哪些地方呢？參照下方步驟圖，你會發現它的神奇之處。

珠針頭有扁、圓的，針也有粗細和長短之分。

珠針妙用方法

❶ 車縫時，珠針可以這樣固定

將珠針先固定布料，珠針盡量整齊固定好（上圖）。這裡要注意珠針的方向須和車縫方向垂直，才不會造成斷針（中圖）。最後車縫完成後再拔掉珠針即可（下圖）。

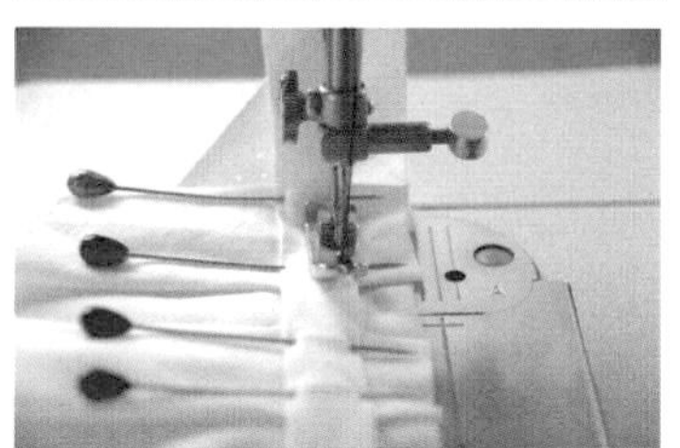

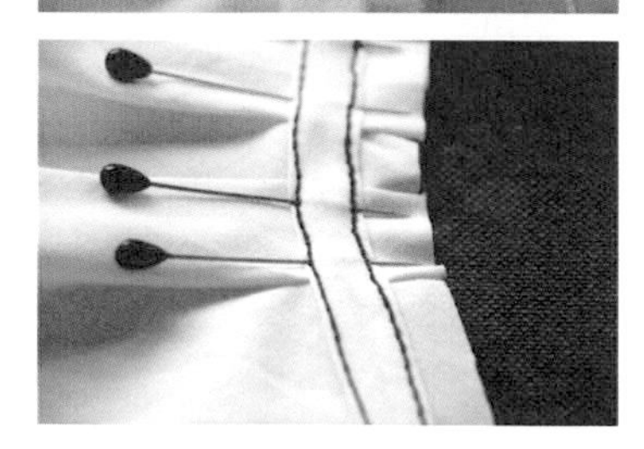

❷ 紙（版）型或大面積時，珠針可以這樣固定。

將布料平放在桌面，放上紙（版）型，珠針不一定得全部插入，大約插入布料內1公分以內的份量，再穿出紙（版）型即可。針頭可以不必露出太多，避免不慎刺傷。

❸ 固定有厚度的布料時

新手在車縫有厚度的布料時，常常會發生上下布片無法對齊的問題，可以事先將布平放在桌面，另一隻手按壓固定布料，然後以珠針輕挑起布料，插入後一樣只要固定1公分以內份量（左圖），針頭不必露出太多（右圖）。

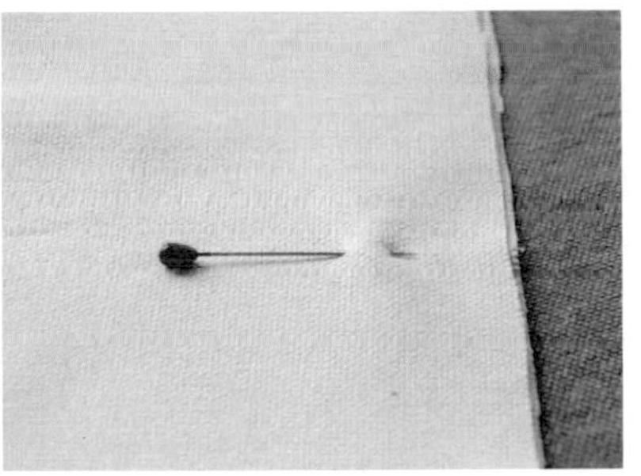

尤其在固定兩塊厚布料時，要特別注意珠針在先穿入上布後要穿入下布時，記得針頭僅需穿刺下布的表面之處，才不會在布料上留下很深的痕跡。

POINT

Q14 為什麼我的剪刀剪線時很鋒利，但卻很難裁剪布料？

別擔心，這是初學者常發生的情況！很多人怕將布料剪壞而過分小心翼翼，反而太注意刀鋒和布料間的距離，導致忘記手部的動作。參考以下「穩當的裁布方法」，謹記各個步驟的重點，裁剪布料更加簡單無壓力。

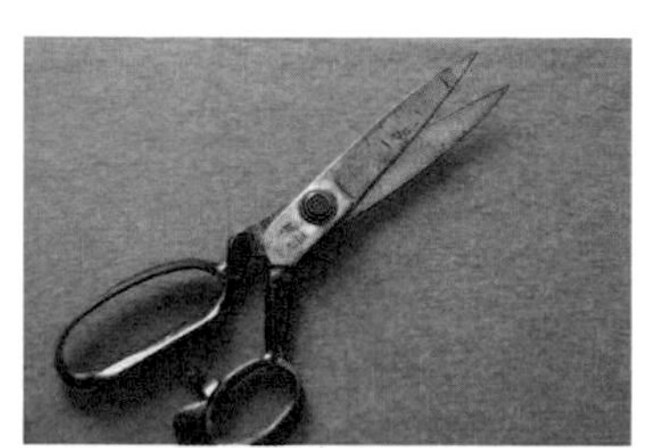

專門用來剪布的工具，避免摔落地面，有損刀刃的鋒利度。

穩當的裁布方法

❶ 布料平整放在桌上

裁剪布料時，切記一定要將布料平放在桌面，避免高低不平產生誤差。

❷ 剪刀尖端靠在桌上，一手壓住布料。

可將剪刀的尖端靠在桌面上，有助於手部穩健地握住剪刀，不易因手部晃動而剪歪。

❸ 剪刀最好的位置是紙（版）型的左方

沿紙（版）型裁剪布料時，因剪刀在剪下的同時可以順勢壓下紙（版）型，所以剪刀最好放在紙（版）型的左方。

❹ 大刀大刀地裁剪

剪裁過程中，以大刀大刀裁剪，同時記得不要在中途讓剪刀離開還沒剪完的布邊。

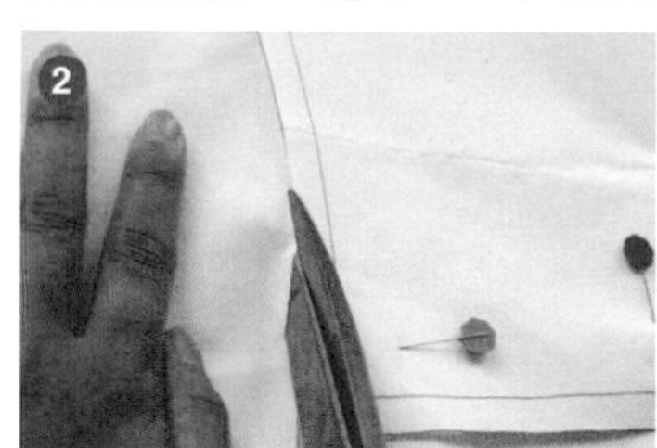

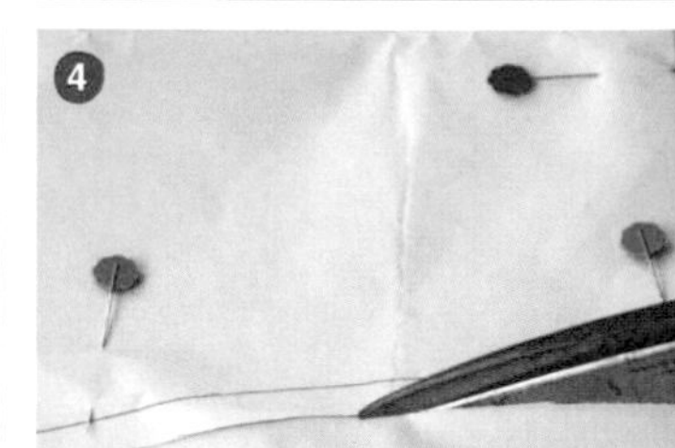

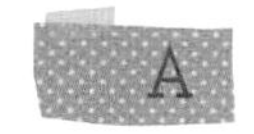 Q15 手縫較厚的布料時，即使施力了，縫針仍然很難穿過布料怎麼辦？

A

的確，有的時候布料太厚或硬，容易使推針的動作受到阻礙，整個手縫下來難免手指疼痛。這裡告訴你一個好用的工具——針推。有了它，讓你保護手指、手縫厚布料更加迅速。小小針推的使用方法很簡單，可參照下圖。

針推使用方法

❶ 以針推來推針，保護手指

將針推套在持針那一手的中指第二個關節下，手持針施力時，以帶著針推的中指推針即可。

運用中指的第二關節來推針

 Q16 在布料上做記號的水消筆和粉圖筆用途差不多，為什麼還要細分這麼多種類？

A

為了更方便在布料上做記號，這類工具不斷推陳出新，種類眾多。早期媽媽們使用粉片做記號，雖然畫出來的線較粗，但在深色布或淺色布上都很清楚，加上以手拍打或水洗就能完全消失不留痕跡，非常方便，現在縫紉加工人員也多還繼續使用粉片。

近年拼布、手作等DIY手工藝族群人數漸多，需求變大，廠商更依布料的特性，推出消失筆、水消筆、粉圖筆等記號筆產品。

消失筆畫在布料上經過一段時間會自己消失；水消筆可以水去除痕跡，但不需整塊布都水洗，只需以濕布或棉花棒局部按壓，就能輕易消除筆跡，兩者都很適合畫在淺色的布料上。粉圖筆和粉片一樣都是石灰材質，但比粉片更可以畫出細緻的線段，僅用手拍打或濕布按壓就能消除痕跡，尤其適合在深色布料上做記號。

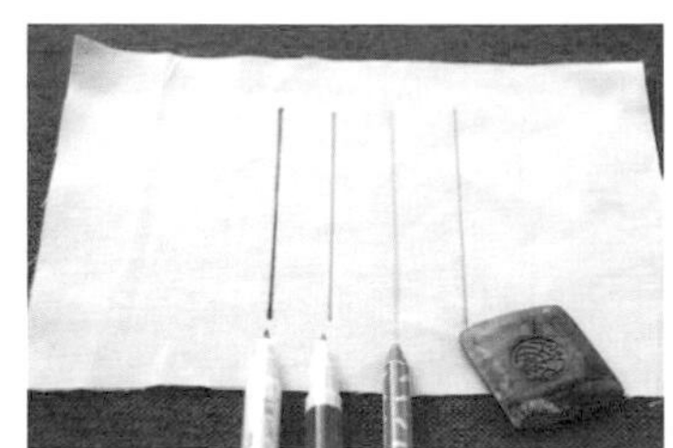

圖中從左至右依序為消失筆、水消筆、粉圖筆和粉片。

Q17 若自己畫紙（版）型，需要選擇特別的紙張嗎？

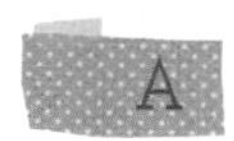

雖然畫紙（版）型沒有特定使用某種紙張，但要謹記一個重點——要堅固不易破。如果要畫的是衣服方面的紙（版）型，因為面積大容易拉扯撕破，建議使用紙質輕薄且硬的牛皮紙為佳。

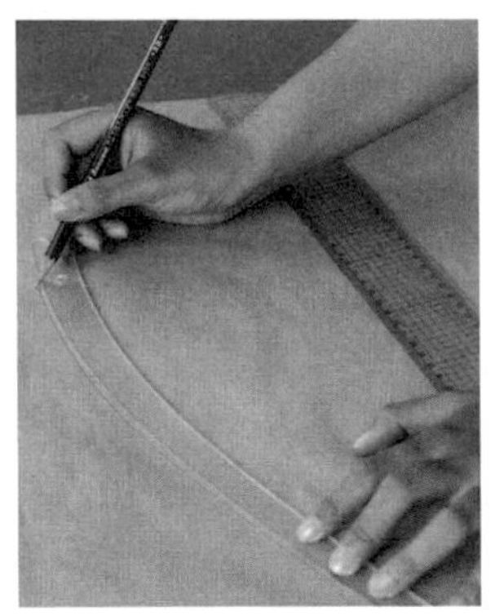

牛皮紙是畫紙（版）型不錯的選擇

Q18 裁縫用的方格尺和美術社買的方格尺一樣嗎？

外觀相似，都是可以製圖的尺，但用途不同，最大的差別在於「尺的材質」。裁縫用的方格尺材質較軟，可用來丈量曲線的尺寸，而且裁縫用尺除了通用的公分（cm）單位外，還加上了吋（inch）。在售價上，裁縫用尺比美術社、文具店販賣的製圖用尺便宜許多，可視用途選用。

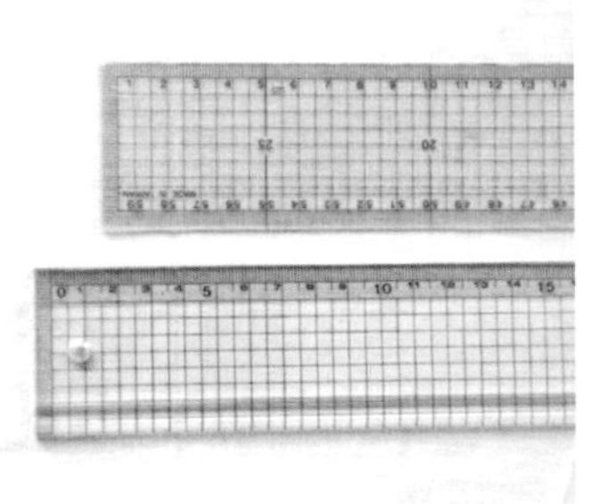

一樣是方格尺，但依材質而有不同功用。

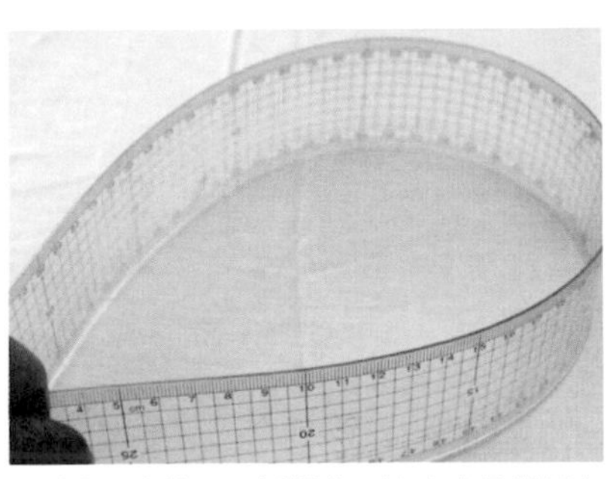

裁縫專用方格尺可以彎曲，適合丈量製圖中的曲線長度。

同場加映

捲尺也很實用！

小巧易收納的伸縮捲尺，隨身攜帶任何時間都能丈量。一般實用的捲尺，兩面會有不同的單位，分別是公分（cm）和吋（inch），方便使用。

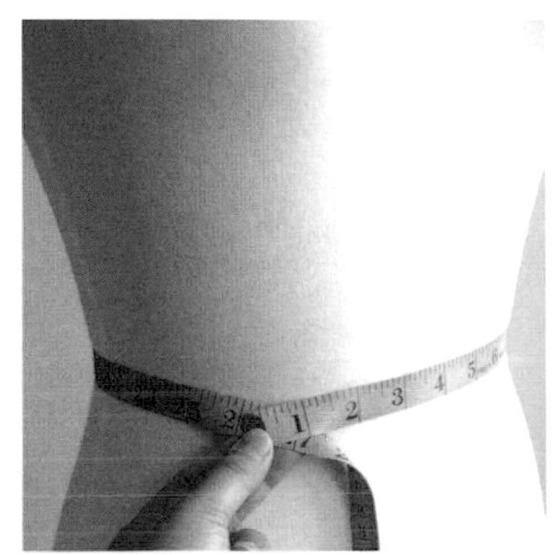

腰圍是指上半身軀體最凹處，約肚臍上3個指頭的位置。

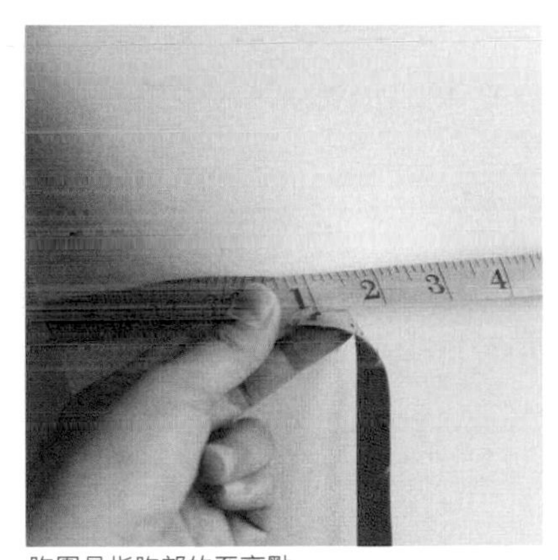

胸圍是指胸部的至高點

POINT

關於「腰圍」、「胸圍」的詳細丈量方式，可參照p.60的Q41。

Q19 為何裁縫的丈量單位有分吋（英寸、inch）和公分（cm），用哪個單位比較好？

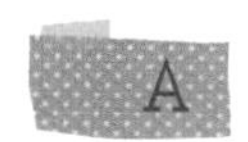

台灣傳統布業常用的單位，多半以吋計算，買拉鍊時店家也是用吋單位，但拼布材料就常出現公分，甚至公釐的單位。雖然我們慣用的是公分單位，大部分店家也聽得懂，但我建議讀者們參照以下「裁縫常用單位換算對照表」，最好能同時學會使用這兩種單位。

2.54公分	→	1吋
10公釐	→	1公分

裁縫常用單位換算對照表

1吋放大圖

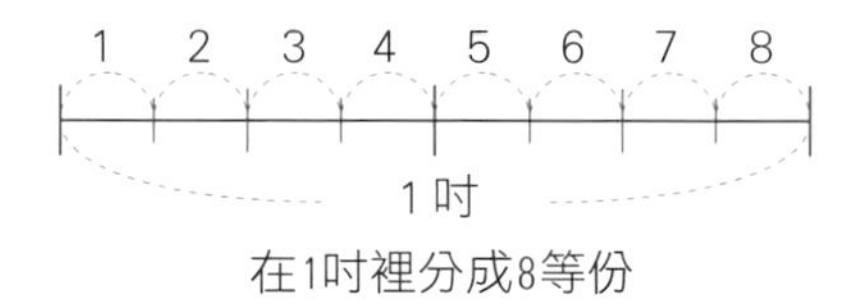

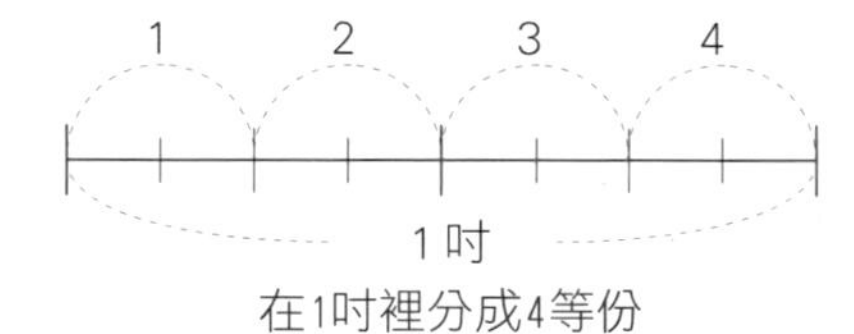

同場加映

如何使用吋（英寸、inch）單位的方格尺？

1.縫紉書中常見到的3/8、1/4、1/2，指的是在1吋中分成等份的意思，例如「縫份預留3/8」，是指在1吋中分成8等份，縫份只取其中3份，即3/8的意思。同樣地，1/4 就是在1吋中分成4等份，縫份只取其中1份，可參照左圖「1吋放大圖」。

2.若想畫一條2又3/4吋的直線，就是尺上兩大格，然後再取分成4等份中的3格，即為2又3/4，可參照下方「原比例吋尺刻度圖」。

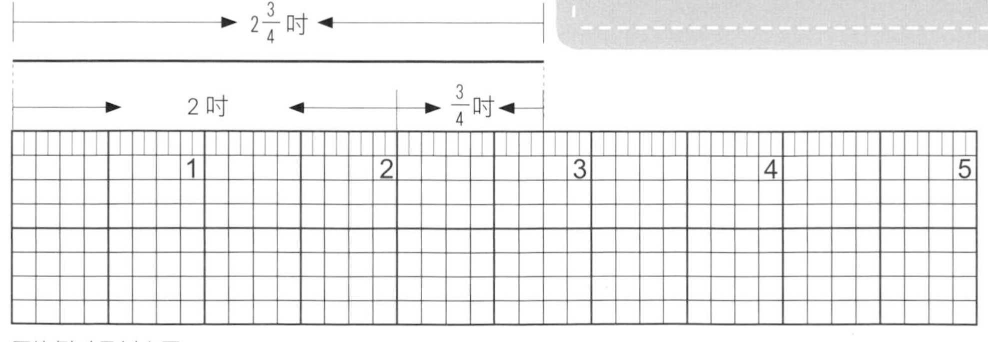

原比例吋尺刻度圖

Q20 如何使用熨斗和燙衣板（燙馬）？

整燙技巧是裁縫重要的工作之一，完成的布作品經過整燙後會更加完美，不過，整燙技術必須熟練，才能達到美化作品的目的。整燙工作除了必備熨斗以外，適合的燙衣板（燙馬）也很重要。購買燙衣板時，應視用途而購買，並不是面積大就實用。參考以下「燙衣板尺寸選擇表」，會發現長方且面積小的燙衣板實用度較高。燙衣板該如何使用呢？可參照以下的使用步驟，熟練後你也可以成為燙衣達人喔！

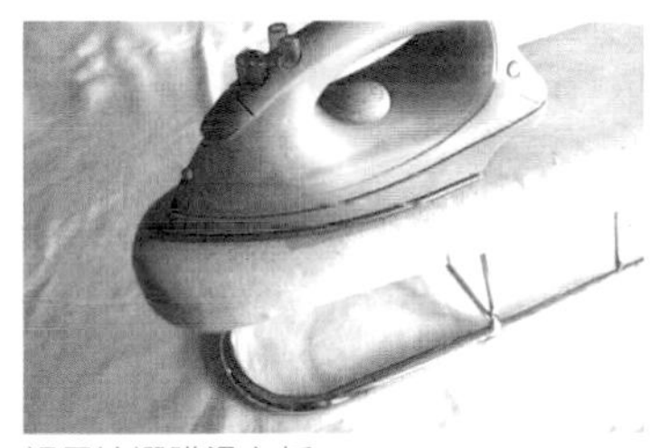

視用途選購燙衣板

用途	燙衣板尺寸
衣服胸線以上（含袖管與領子）	使用長方、面積小的燙衣板
衣服身體部分	中型以上燙衣板、小燙衣板亦可
褲子	使用長方、面積小的燙衣板
袋類	使用長方、面積小的燙衣板

燙衣板尺寸選擇表

小燙衣板使用方法

❶ 燙肩線

先將單邊肩膀披放在燙衣板較小的那邊，手臂處朝外後熨燙，再換另一邊肩膀。

❷ 燙袖管

將袖管套入燙衣板較小的那端，身體處朝燙衣板面積大的那邊，並從袖口逐步往肩膀處熨燙，再換另一邊袖管。

❸ 燙褲管

將褲管套入燙衣板較小的那端，身體處朝燙衣板面積大的那邊，並從褲口逐步往袴下處熨燙，再換另一邊褲管。

❹ 燙領子

攤開領子，平放在燙衣板上整燙後直接將領子翻正，不需使用熨斗壓線，會比較自然。

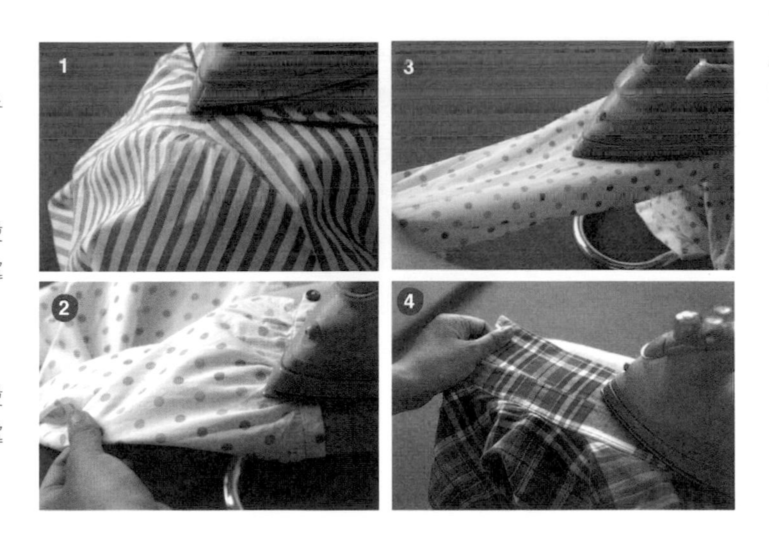

Q21 熨斗上有溫度調節的選項，該用哪一個溫度來熨燙呢？

熨斗溫度是依據布料材質而設定，每種布料因材質不同會有溫度限制，一般家庭多用蒸氣熨斗，可參照以下「蒸氣熨斗溫度對照表」，並詳細閱讀熨斗的設定說明書，有助於掌控正確的燙衣溫度

熨斗標示	纖維種類	溫度
高溫	棉、麻	180～200度
中溫	毛料、人造絲、聚酯纖維	140～150度
低溫	醋酸纖維、尼龍、壓克力、萊卡	110～130度

蒸氣熨斗溫度對照表

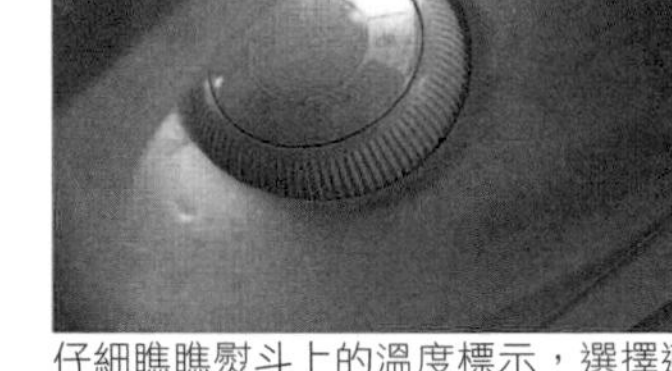

仔細瞧瞧熨斗上的溫度標示，選擇適當的溫度。

物品	溫度
紙芯	140～150度
夾棉	140～150度
布芯	150～160度

熨燙芯、夾棉溫度建議表

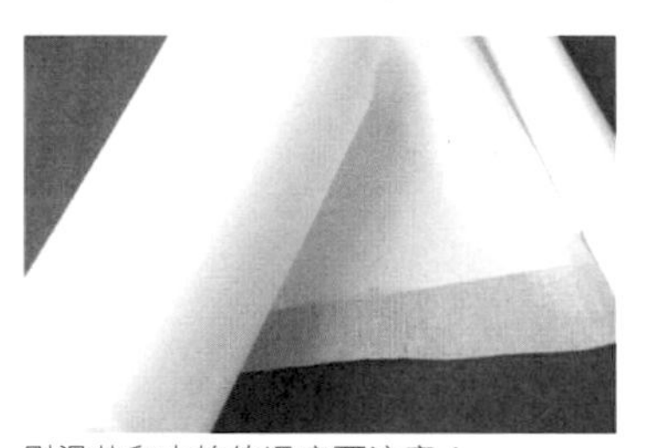

熨燙芯和夾棉的溫度要注意！

同場加映

熨燙芯（接著襯）時，應該用什麼溫度才好？

凡是化學纖維、人造纖維都不耐高溫，因此，別忘了在整燙時仔細檢查溫度，若無法確定布料的材質，可先用中溫，並且在熨斗和被燙物之間隔一塊棉質布料熨燙。熨燙芯和夾棉時溫度不可過高，尤其是夾棉，高溫會降低夾棉原有的膨鬆程度，甚至硬化焦掉。可參照左方「熨燙芯、夾棉溫度建議表」，再謹慎操作。

在熨燙夾棉時，除了注意溫度外，建議在夾棉上面隔著一塊棉布，可避免夾棉表面直接和熨斗接觸，防止夾棉硬化。

POINT

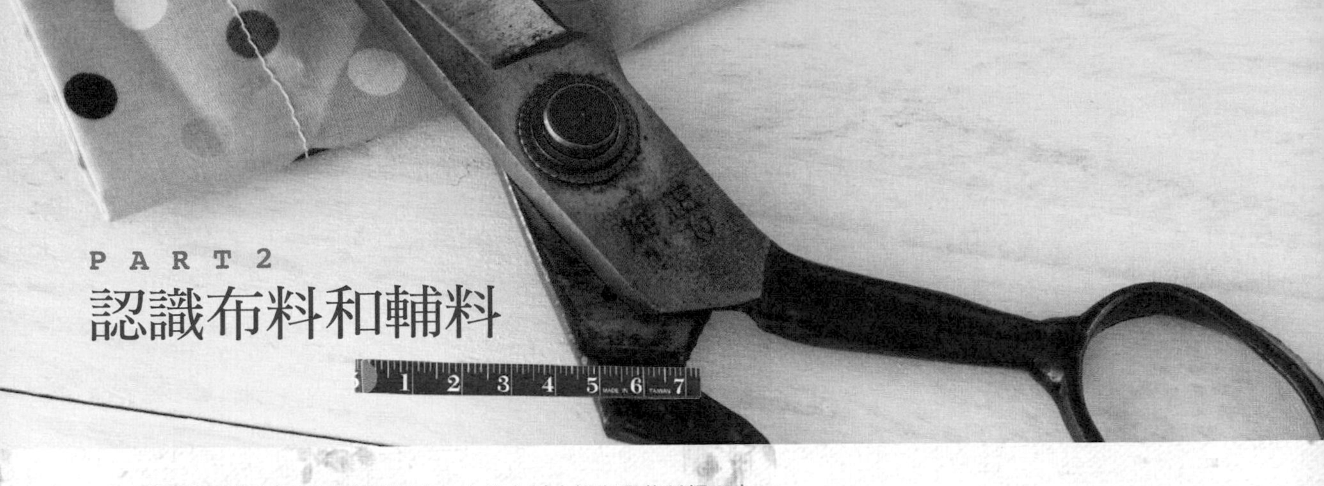

同場加映

Q22 琳瑯滿目的布料看了頭昏眼花，市售布料大概有哪些種類？

布料的種類很多，如果能熟悉每種布料的特性，作品更可兼具質感和增加機能性。我將常見的布料分成8大類，讀者們可依特性和喜好選用。

❶ 棉麻類

這類布包含了天然纖維，最大的特色是布紋質感天然、吸水力強，適合用來染色，耐熱度也高。胚布、先染布、印花棉布等都屬於棉麻類布料。

❷ 萊卡布

彈性纖維織成的布料，手感好、彈性佳，適合做比較貼身的衣物或褲子。

❸ TC布

是特多龍(Totoron)和純棉(Cotton)混紡的布料，有些TC布乍看很容易誤以為是棉布，但它不像棉麻布料那麼易皺，同時具有特多龍的耐用。不過，缺點是耐熱的程度沒有棉麻布料佳。

❹ T恤布

最常使用、看到的針織布，透氣性佳，具彈性，較不易有毛邊。

❺ 毛巾布

通常標榜100%純棉，但有彈性的毛巾布，纖維中多半混有些許化學材質，可以在購買時詢問店員，依自己的需要購買。

❻ 不織布

製程結合了塑膠、化工、造紙和紡織等技術和原理，由於非經平織或針織等傳統編織方式製成，所以稱「不織布」。

❼ 毛料

多半是羊毛或兔毛製成，毛料的優點是質感高，保暖效果佳，雖易皺但也容易平，還可以抗異味。缺點是清洗不慎時易縮水，但現在已有很多防縮水的毛料。質料厚實的觸感，做大衣、長褲或者提包都很適合。

❽ 合成皮

現在合成皮（PU）很多可以處理到如同真皮般的質感，所以逐漸取代市面上的真皮。

布料種類太多，依材質、特性來選擇吧！

Q23 製作手提袋和衣服的布料是一樣的嗎？

A

這沒有一定的答案，通常是依布料特性來決定。像手提袋一般是用稍厚，或者比較堅固的布料來製作，但若堅持使用薄布料，也有解決的方法，就是在布料背後加一層芯（接著襯）或夾棉、鋪棉，增加布料的厚度。

製作服裝的布料上，畢竟是穿在身上，當然得選較輕、透氣佳、觸感好的布料，應以舒適度為最優先考量。

漂亮的薄布加上芯（接著襯）或夾棉、鋪棉也可做手提包。

Q24 為什麼有些布料會特別註明「裁剪前先縮水」？

A

通常有縮水顧慮的布料，都會標註這樣的提示，像毛料、棉麻等，這些天然纖維都是屬於有機的材質，纖維上細小的紋理可能在水洗過程產生不同程度的縮水，毛料方面稱為氈化（羊毛氈製品就是運用毛料上的毛鱗片遇到水會氈化，造成密度縮小而成）。因此，布商會在容易縮水的布料上做「裁剪前先縮水」這類的提示。

此外，布料出廠前有幾道加工過程會用到藥劑，像染布、上漿，有些布料還會添加柔軟劑，或者樹脂、福馬林之類的助劑，其他諸如磨刷毛、絲光、上膠之類的表面處理動作，多少也都需要化學藥劑處理。所以，建議無論布商是否在布料上標註「裁剪前先縮水」，為了健康，最好都先將布料清洗或浸泡過後再裁剪縫紉。

買回來的布料清洗過後再使用，可減少縮水的幅度。

Q25 布料有分寬度、長度嗎？

布料因製程關係，所以有寬度的差別，但長度則是依個人所需購買裁剪，像1碼、1呎等長度。從右圖「布料直向、橫向解說圖」中可知，橫向就是布的幅寬，和布邊垂直（緯紗）；直向是布的長度，和布邊平行（經紗）。

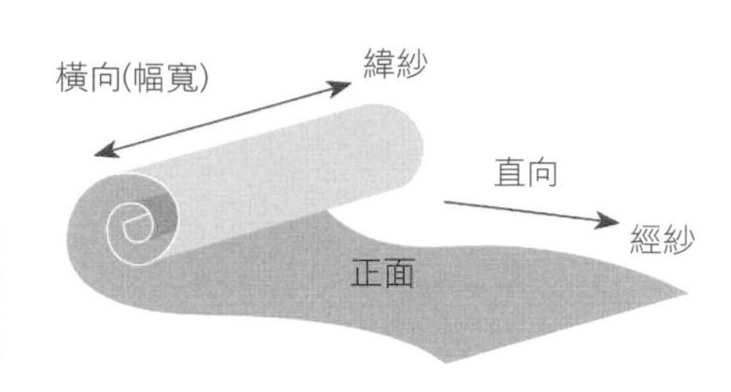

布料直向、橫向解說圖

Q26 我不太瞭解布料的計算單位，買布時該怎麼跟店家說？

布料的計算單位有尺、碼、公分，但每個地方的布行或手工藝品，都有各自習慣的單位用法。像台北的永樂市場必須以「碼」來計算，其餘縣市的布行大多以「尺」計算，但某些拼布店可能出現以「公分」為單位計算（進口布價格高，會用這個單位），建議最好參照以下「布的單位換算表」，熟記這三種單位的計算方式，買布時比較方便。

還有一點要注意，某些布行會限定一次必須購買基本量才會賣喔！像永樂市場的布商，通常至少要1碼才願意賣，其他縣市的布行基本量有的是1尺，有的則至少2尺。

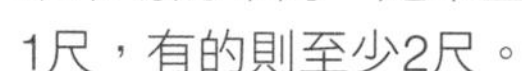

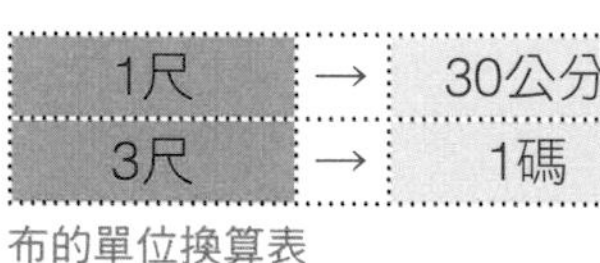

1尺	→	30公分
3尺	→	1碼

布的單位換算表

同場加映

什麼是零碼布？

零碼布顧名思義就是零碎尺碼的布料，和一般零碼鞋子一樣，已經剩很少的量，沒辦法有多餘的選擇或以大量販售，有時會以很低的售價賣給顧客。在家裡製作布製品時剩下的布料也稱為零碼布，妥善地運用和搭配，還能省下不少買布料的費用，也是很不錯的簡約設計。

Q27 什麼是布的幅寬？

是指布出廠時，依據不同紡織機所製造而有固定的寬度，決定了一塊布的大小面積，影響到購買價格。目前台灣較常見的布料幅寬尺寸，可參照以下「常見布料幅寬表」。不瞭解幅寬位置的縫紉新手們，也可參照「布的幅寬圖解」的說明。

名稱	尺寸
單幅布	2尺4吋寬(約72～80公分寬) 3尺寬(90～92公分寬) 3尺8吋寬（110～120公分寬）
雙幅布	4尺～4尺7吋(約120～140公分寬) 5尺寬（145～155公分寬）

常見布料幅寬表

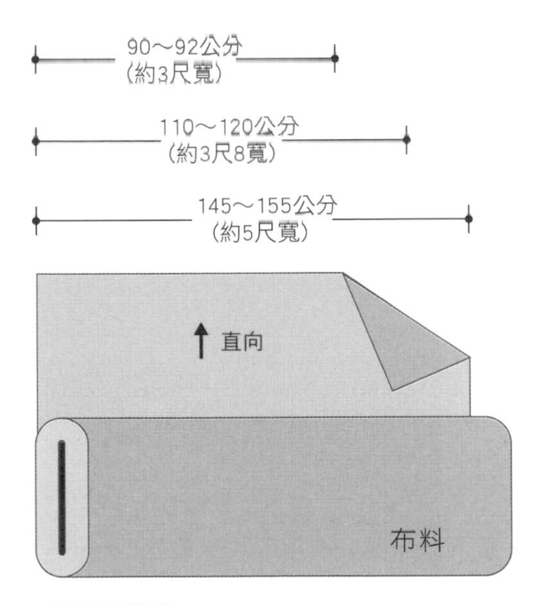

布的幅寬圖解

Q28 裁剪布料時有沒有方向的問題？可以隨意裁剪嗎？

是的，布料有方向。參照以下「平織布和針織布的纖維構成圖」，瞭解布料是以經紗（直向）和緯紗（橫向）交錯織成，所以會有方向性。若裁布時裁錯了方向，作品容易造成穿著不適或產生視覺怪異的情況。
從布的特性面來看，橫向布紋的彈性較直向大一點，加上有些織品的織造方式不同，彈性更加明顯。為了讓作品實用、耐久，裁剪時必須注意布料的直向和橫向。

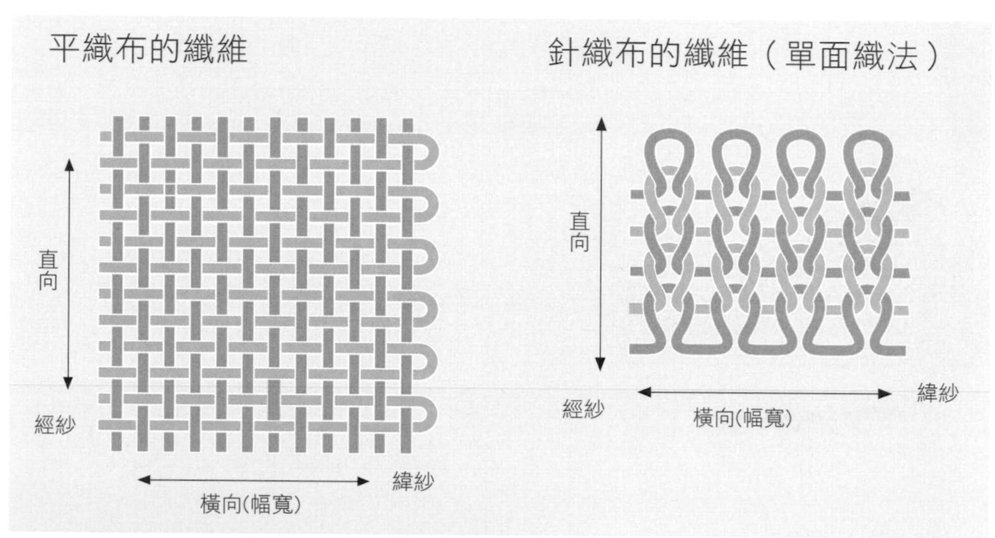

平織布和針織布的纖維構成圖

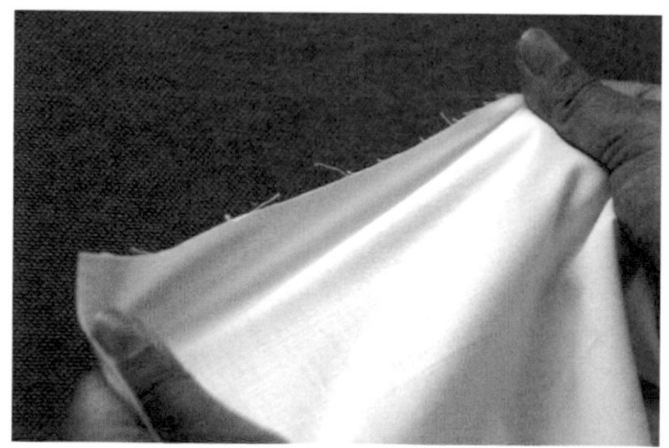

雙手一拉，可感覺出布料的彈性。

再以褲子為例，看看自己的牛仔褲，是否發現布紋都是上下走向的直紋布？這是因為一般人習慣由上往下看，這樣人站立時，視覺上腿部看起來會稍微修長；而坐下時，因為橫向布紋比較有的彈性，穿起來舒服一點。所以，裁布時一定要確認布向，不可以隨意剪裁。

Q29 我第一次用縫紉機，哪一種布料最適合練習用？

建議初學者最好選擇棉麻類的布料較易上手！練習車縫時，可從「胚布」、「帆布」來著手，暫時避免使用太薄且彈性太大的布料，尤其T恤布料這類彈性纖維，難度過高，容易造成卡線，以及上下布片無法對齊車縫的窘況。

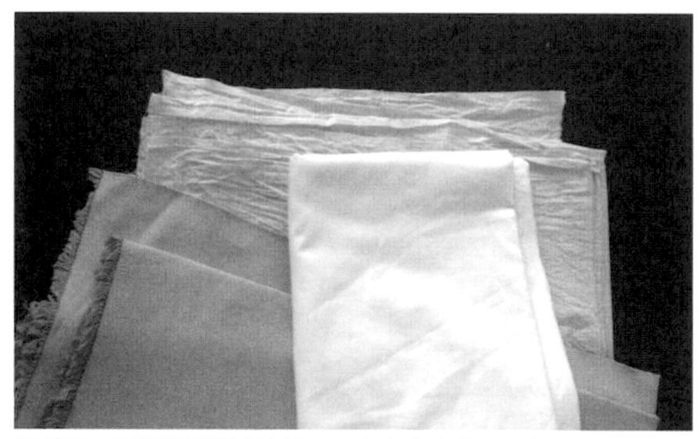

新手們，建議選購彈性較低、厚度適中的棉麻類布料來練習。

如需購買均勻壓布腳，記得跟材料商說明自己使用的縫紉機機種。同時要注意，因各家壓布腳的名稱不盡相同，所以向店家詢問時，一定要清楚說明想要車縫的布料。

POINT

均勻壓布腳是車縫彈性布、厚度不一、合成皮類布料最佳的工具。

同場加映

挑戰惱人的彈性布

若碰到需使用彈性布的狀況，別忘了將縫紉機的壓布腳換成「均勻壓布腳」，這通常是必須向廠商加購的輔助工具，有助於輕易車縫彈性布和厚度不一的布作品。合成皮類的布料也可以使用均勻壓布腳，縫製過程會更簡單。

XXXXXXXXXXXXXXXXXXXXXXXXXXXXXXXXXXXX

Q30 縫製衣領時會用到芯（接著襯），到底芯是什麼？和布襯相同嗎？

為了讓局部的布料更堅挺，或者當布料厚度不夠時，可以使用芯來補強。傳統材料店所說的「芯」，其實就是「布襯」，也是日文縫紉書籍中常常會看到的「接著襯」，這些都是指同一個東西。在材質方面有厚度之分，也有不織布襯（紙芯）、彈性極佳的薄布芯（化纖布芯）。它們的共通點，是其中一面會有遇熱產生黏性的背膠，直接黏在布料上面即可。讀者可參照p.46，再依照自己的需求選購。

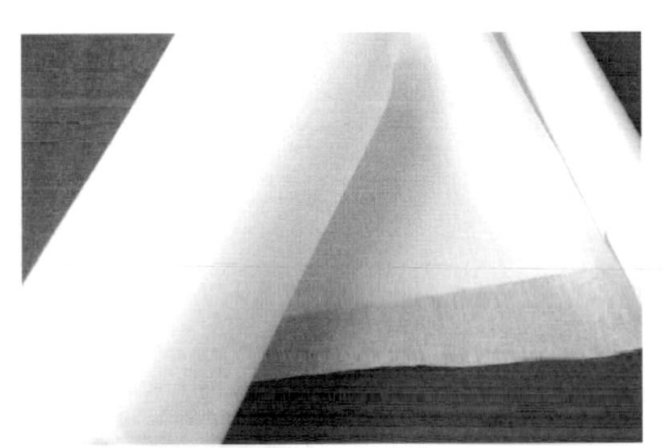

芯＝布襯＝接著襯，可以增加布料的厚度和挺度。

Q31 市售的芯（接著襯）有不同的厚度和材質，該如何選擇適合的？

芯有很多種，除了厚薄之外，還有材質之分，目前市售的多以化纖成分居多，但也有是全棉的材質。建議讀者們先參照以下「芯的特色和用途表」，充分認識各種芯後，再依自己的需求購買。

	芯的材質	運用範圍	厚度
	厚芯、硬芯（布）	多運用在製作包包本體布、帽子本體、手工鞋本體、帽緣，或者堅挺外觀的包包、皮夾上。	厚芯有多種厚度的選擇，可視需求選購；硬芯較硬挺、有上漿。
	薄芯（布）	多運用在製作包包的內裡布、衣服領子、袖口、褲腰、裙腰貼邊和拼布手工藝等。	有多樣化的選擇，可視需求選購。
	紙芯（不織布）	多運用在製作衣物、褲腰、裙腰貼邊和包包上。	有多樣化的選擇，可視需求選購。
	奇異襯	多用在貼布繡	如同布的雙面膠，利用熨斗的熱度加溫可產生黏性。
	彈性化纖布芯	使用有彈性的布料，需搭配這種布芯。	較薄

芯的特色和用途表

注意，是在奇異襯的反面畫上圖案，記得藥膜那面要朝向布料反面熨燙。

將熨燙完成的奇異襯圖案剪下，撕下奇異襯的紙面。

切記，是要將有亮面藥膜面朝向布的正面。

同場加映

台灣製的芯和進口芯有什麼差別？

台灣芯和進口芯基本上沒有使用上的差別，但是價錢上進口芯會高出許多。有些特別用途的芯只有外國工廠才有製作，所以即使高價仍有需求，仍有消費者購買，像奇異襯，最常見的是日本進口貨，雙面都有背膠的特性，非常適合用來做貼布繡，彷彿布用的雙面膠帶般實用。左圖是使用上的小撇步！

Q32 為什麼自己做的衣服不夠挺，總是軟趴趴的？

那是因為使用了較薄的布料，所以衣服無法如襯衫般直挺，若希望衣服稍挺一點，除了一開始選對布料以外，再者就是利用芯（接著襯）來補強、增加厚度。以下是基本的「衣服布料對照表」，可做讀者製作衣物前的選布參考。

衣物	適合的布料	芯的使用位置	芯的種類、厚度
襯衫	棉、麻類布料	領子、袖口、衣襟處	薄芯
褲子	丹寧布、厚棉、麻布、毛料	腰頭、拉鍊處	腰頭使用比薄芯稍厚的芯；拉鍊處則用薄芯即可。
裙子	丹寧布、棉、麻布、毛料	腰頭	比薄芯稍厚一點的芯

衣服布料對照表

確認芯的藥膜面朝布的反面

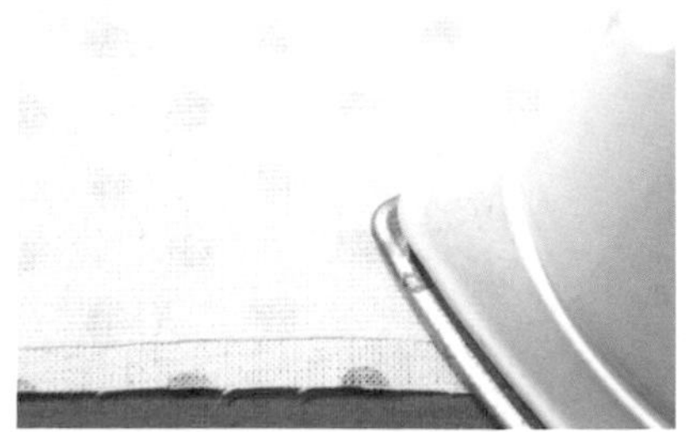

以熨斗從布襯的中心向外反覆熨燙

同場加映

如何貼芯（接著襯）？

「貼芯」布料才會挺，那沒有黏度的芯（接著襯）該如何貼才會牢？其實芯的其中一面上了一層遇到高溫，就會產生黏度的藥膜面。摸起來會有顆粒的觸感、側看會有反光點的就是藥膜面。通常使用芯（接著襯），都需要搭配熨斗才能產生作用。步驟是首先，將芯的藥膜面朝向布的反面，接著，以熨斗從布襯的中心往外輕推，重複這個動作，直到布襯牢貼在布的反面。

Q33 裙子和上衣布料太透明了，有沒有補救的方法？

有些裙子或上衣很好看，但就是布料太透明而不敢穿。沒關係，只要參照以下方法，在裙子裡加上一層內裡裙，就能解決問題了。

加內裡裙的方法

❶ 製作一件輕薄的鬆緊帶裙

準備一塊長度比外裙稍短的薄布，將布對摺，脇邊以縫紉機拷克並車縫。

❷ 車縫下襬和鬆緊帶

裙子的下襬處布邊以三褶縫處理，腰處參照p.102的Q74以「穿入式鬆緊帶」車縫法固定鬆緊帶即可。

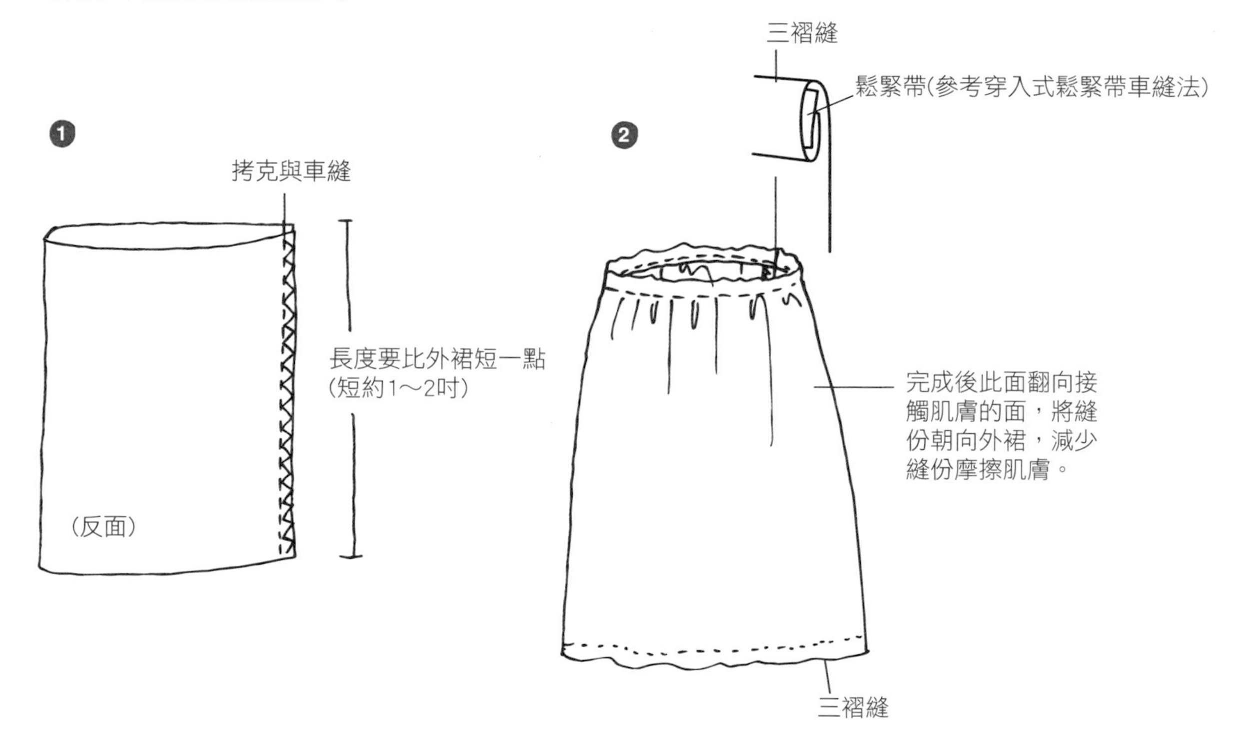

Q34 常用的鈕釦有哪些種類？如何才能將鈕釦縫得牢固且漂亮？

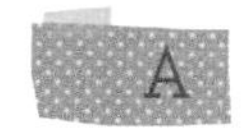

釦子有很多種樣式，常見的有四孔釦、雙孔釦、附耳釦、暗釦和旗袍鉤等等，讀者可依造型和功能，選擇適用的鈕釦。
不同造型的鈕釦該如何縫得牢固又漂亮呢？可參照「常見鈕釦縫法」的步驟，多練習幾遍即可熟能生巧。

四孔釦

附耳釦

旗袍鉤

暗釦

常見鈕釦縫法

❶ 四孔釦和雙孔釦

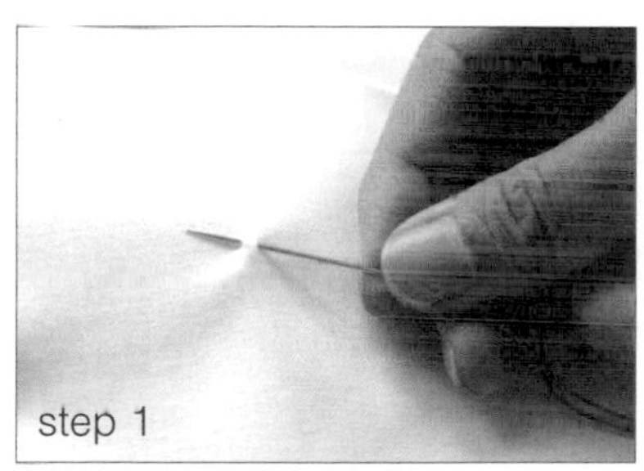

在欲縫上鈕釦的地方先起針。

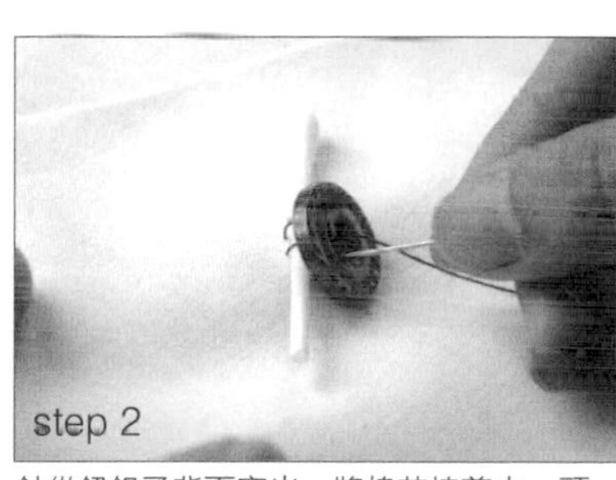

針從鈕釦子背面穿出，將棉花棒剪去一頭，夾在鈕釦和布片中間，繼續固定縫鈕釦。

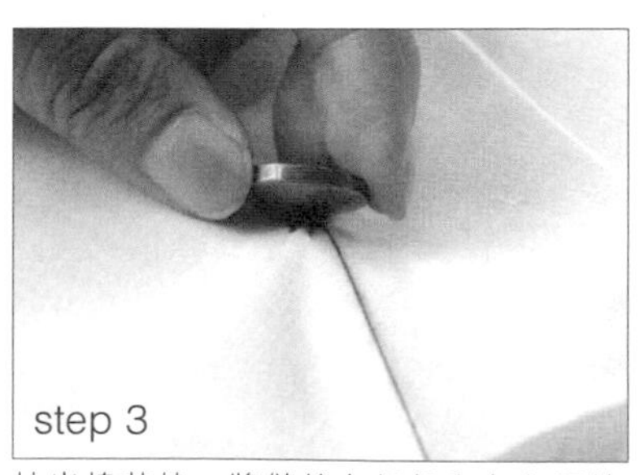

抽出棉花棒，將縫線在鈕釦和布之間繞2～3圈。

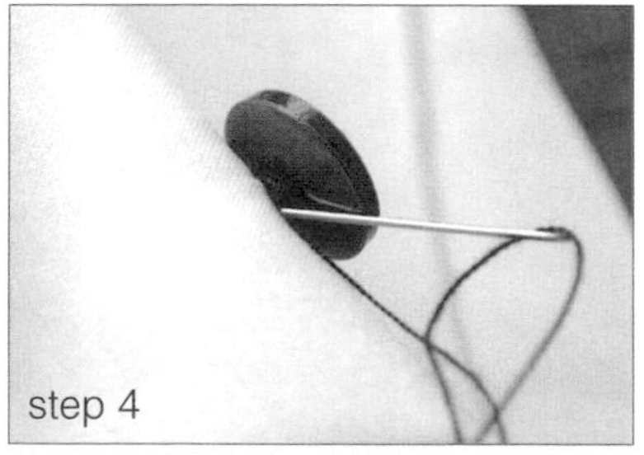

針線從布反面出針，在針上繞2圈後抽出針打結即可。雙孔釦和四孔釦縫法相同。

❷ 附耳釦

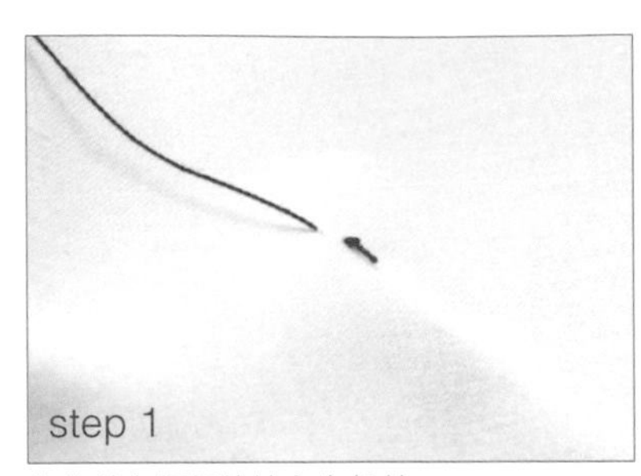

在欲縫上鈕釦的地方先起針。

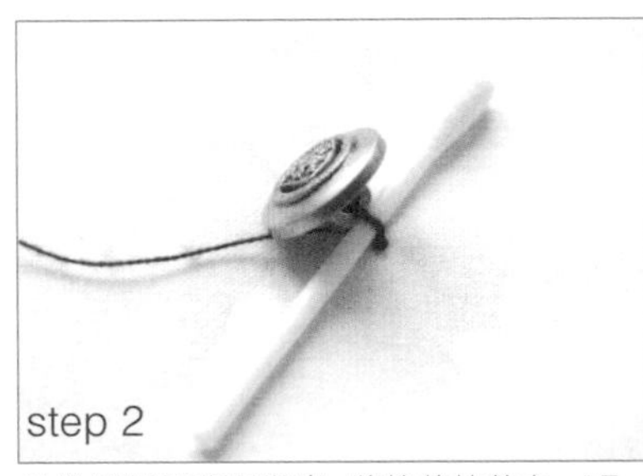

針從鈕釦子背面穿出，將棉花棒剪去一頭，夾在鈕釦和布片中間，繼續固定縫鈕釦。

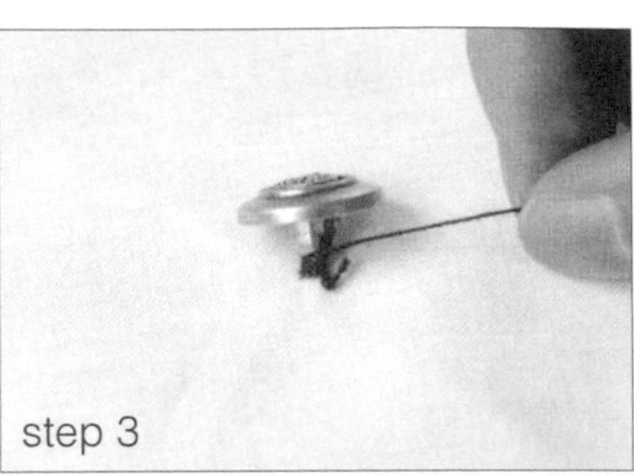

抽出棉花棒，將縫線在鈕釦和布之間繞2～3圈。

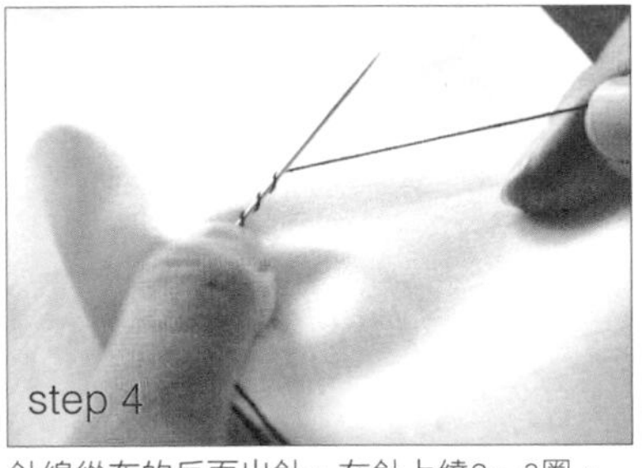

針線從布的反面出針，在針上繞2～3圈。

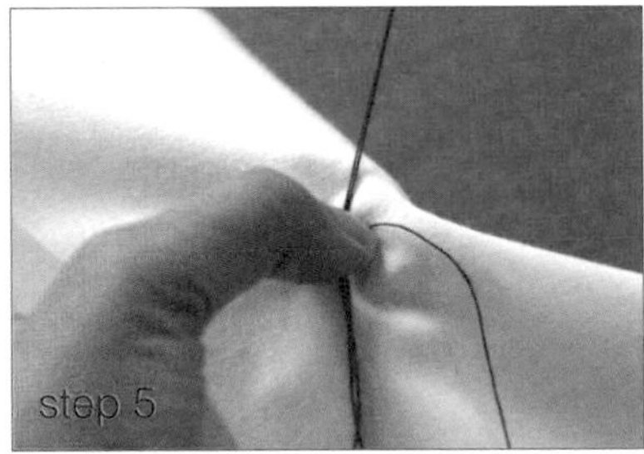

拉出針，打結即可。

❸ 暗釦

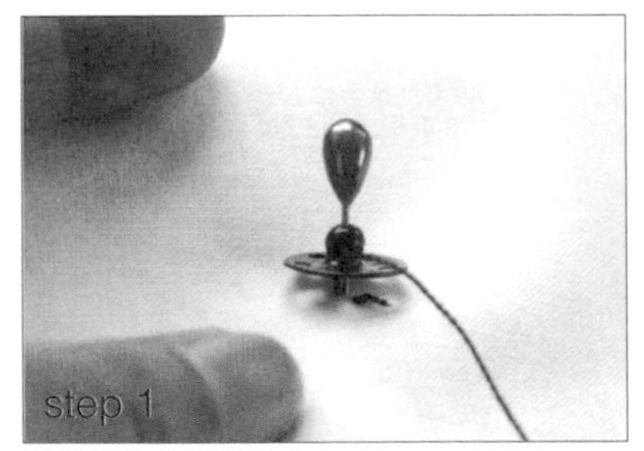

針線從布的反面穿出。

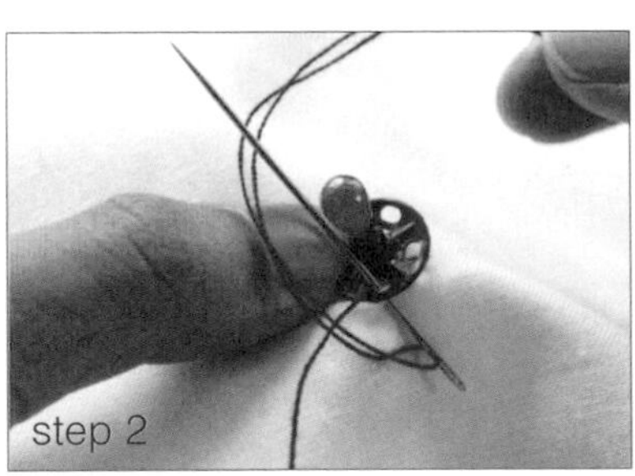

線繞1圈後將針抽出。

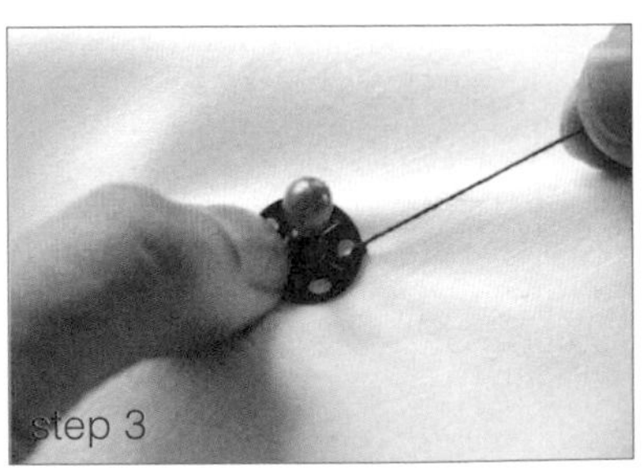

重複step2的動作即可。

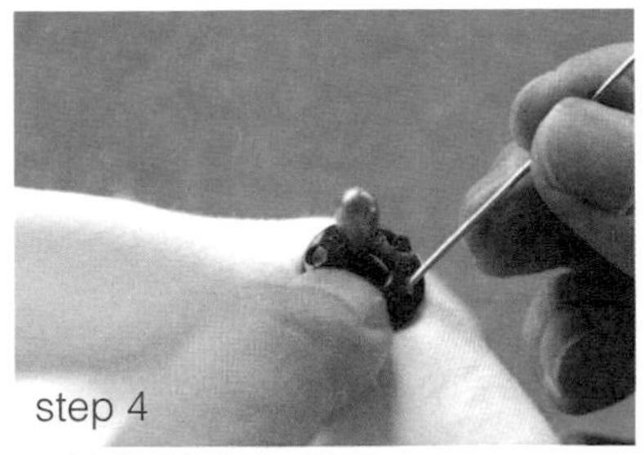

公片和母片的縫法都相同。

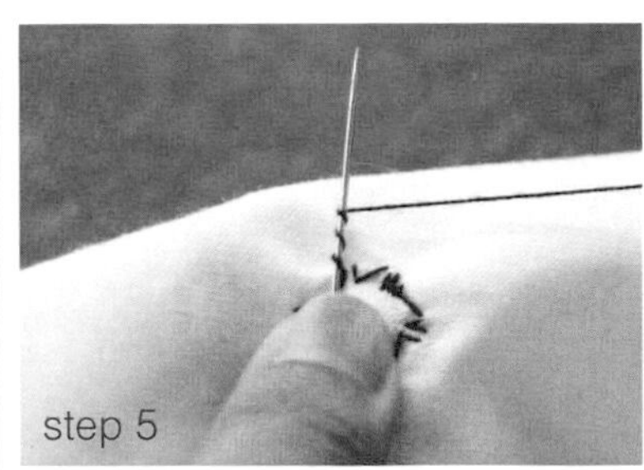

針線從布的反面出針，在針上繞2～3圈。

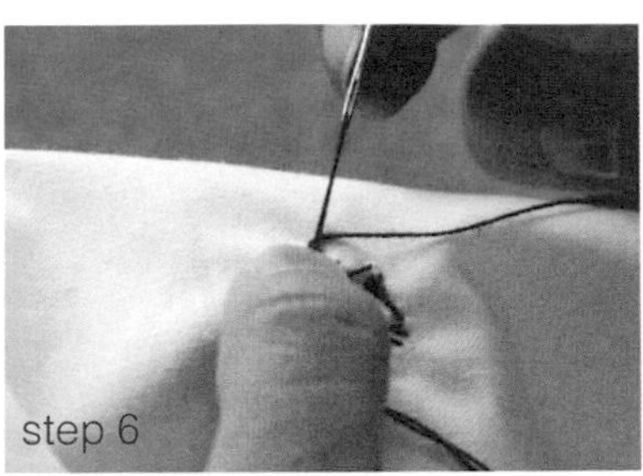

拉出針，打結即可。

❹ 旗袍鉤

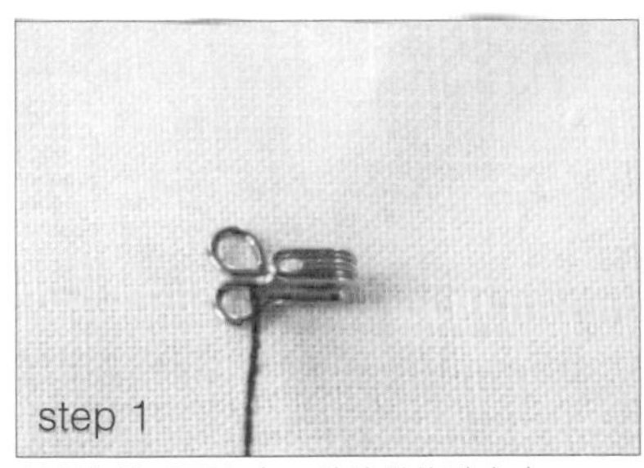

針從布的反面穿出，縫線從鉤孔穿出。

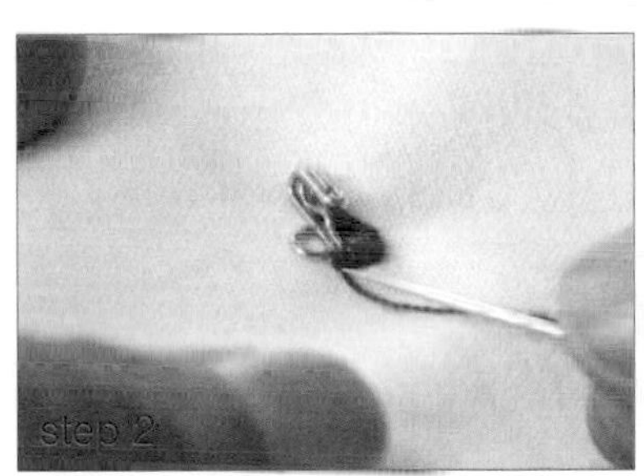

和縫暗釦一樣，線繞1圈後將針抽出。

固定鉤也以同樣的方式縫好。

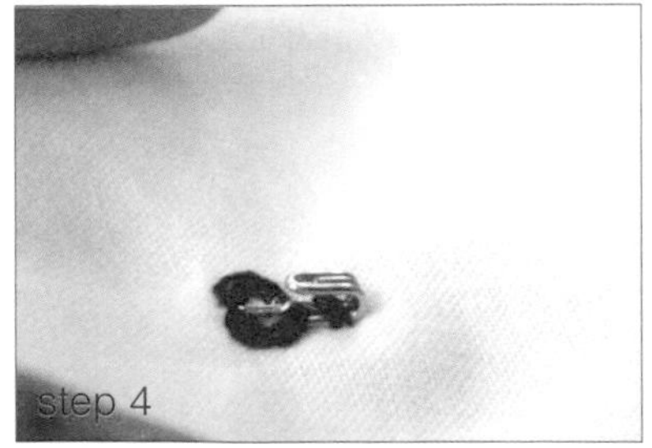

鉤前端縫2圈，固定後在反面打結。

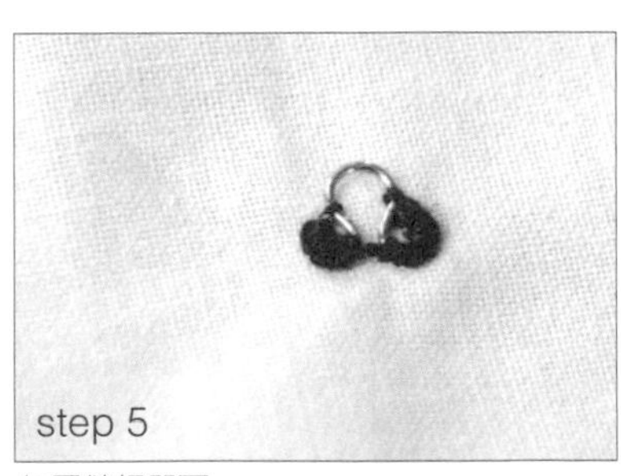

如圖縫好即可。

Q35 如何做釦眼縫（開釦眼）？

可利用縫紉機或手縫來開釦眼，縫紉機操作上較輕鬆方便，可省去不少時間。縫紉機上釦眼縫的記號可參照以下「釦眼縫功能圖」，方法只有按照步驟圖操作即可。家中沒有縫紉機的人也別擔心，參照「手縫釦眼縫法」操作，一樣能開釦眼。

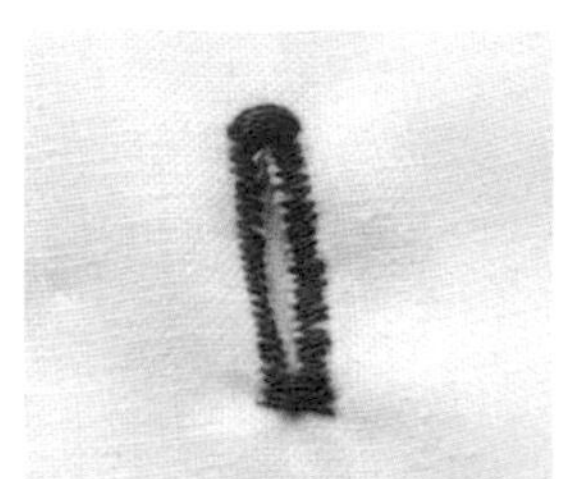

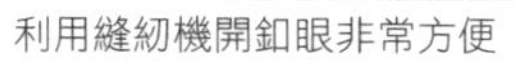

利用縫紉機開釦眼非常方便

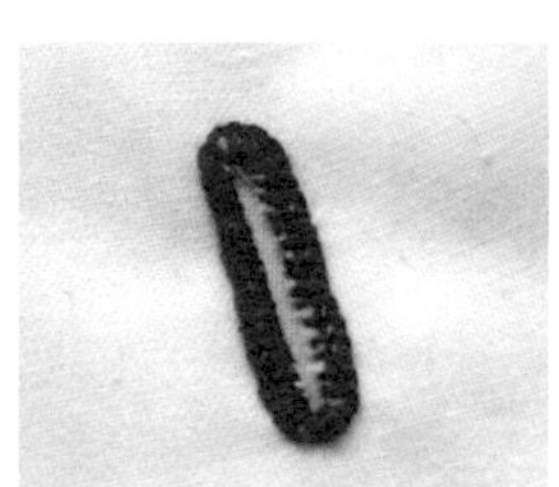

這是以手縫方法製作的釦眼

縫紉機釦眼縫法

❶ 認識記號

先認識縫紉機上的釦眼縫功能的記號。

❷ 繪製尺寸

以消失筆在布上繪製釦眼的尺寸。

❸ 選釦眼縫功能的①

換上壓布腳，選擇縫紉機釦眼縫功能的①選項，車縫3～5針。

❹ 選釦眼縫功能的②

選擇縫紉機釦眼縫功能的②選項，車縫左直邊。

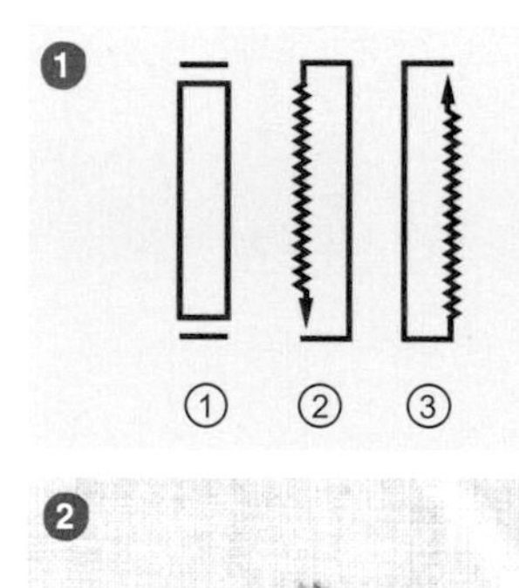

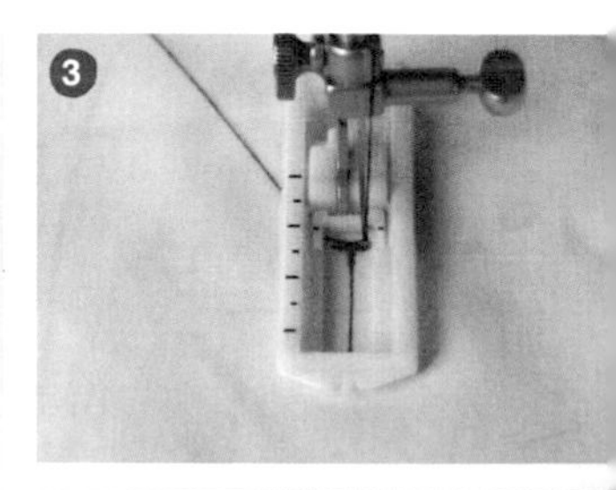

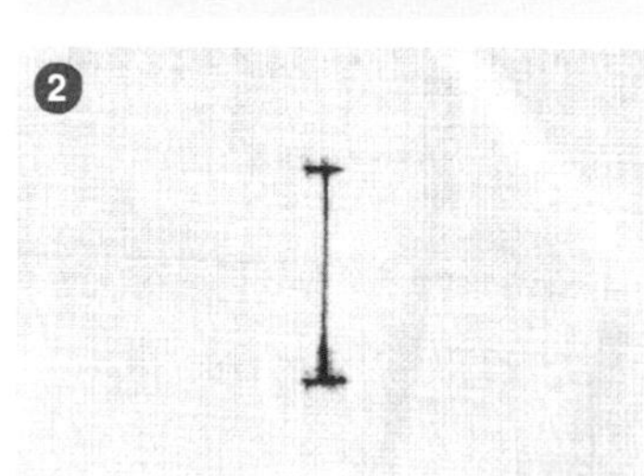

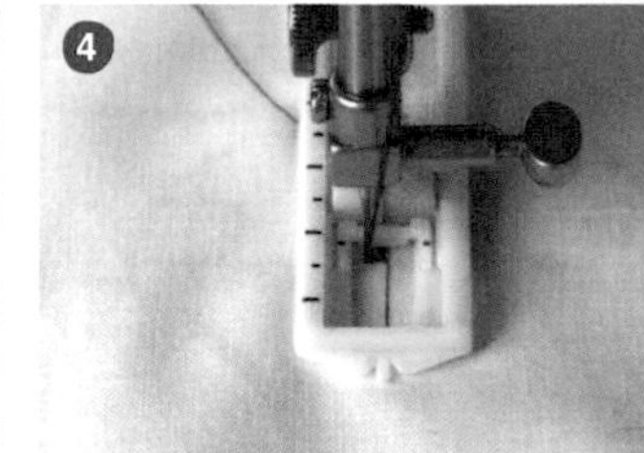

❺ 選釦眼縫功能的①和③

選擇縫紉機釦眼縫功能的①選項，車縫下橫邊3～5針，再選擇③選項車縫右直邊。

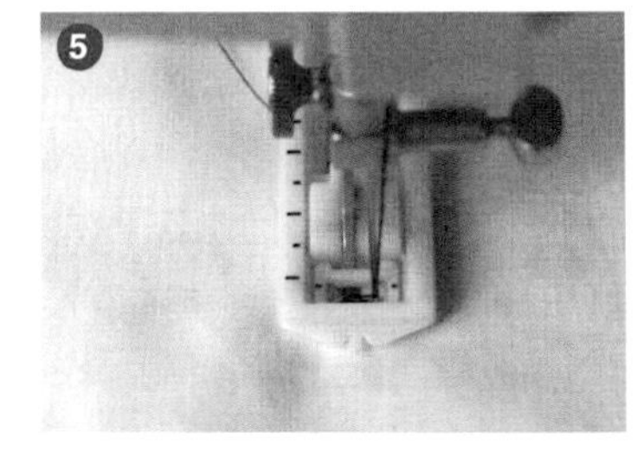

❻ 剪出開口

車縫線繞成一圈後，以剪刀剪出開口即可。

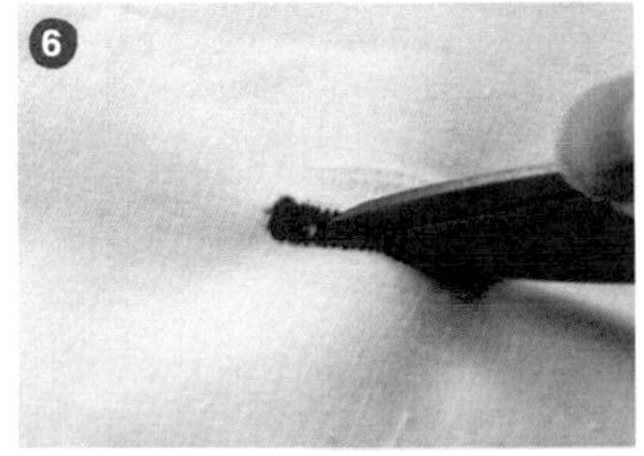

手縫釦眼縫法

❶ 繪製尺寸

以消失筆在布上繪製釦眼的尺寸。

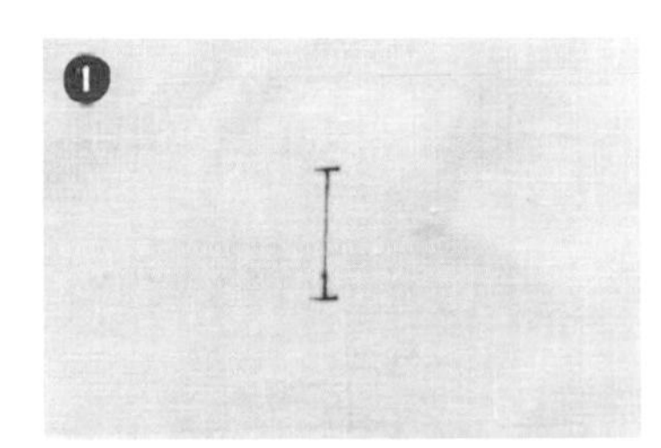

❷ 剪刀剪開

先以剪刀直向剪開。

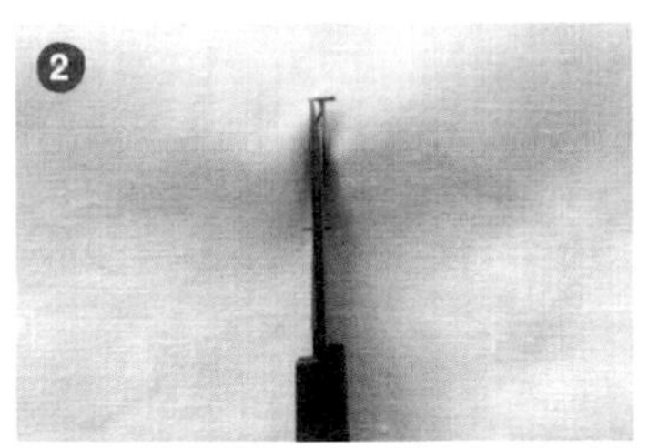

❸ 開口邊緣縫2道線

以針線在開口邊緣0.2公分距離縫2道線。

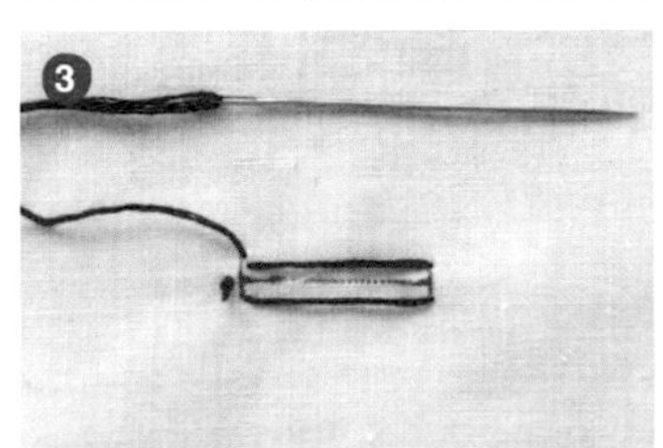

❹ 開始手縫

開始以釦眼縫方式繞著開口邊緣手縫。

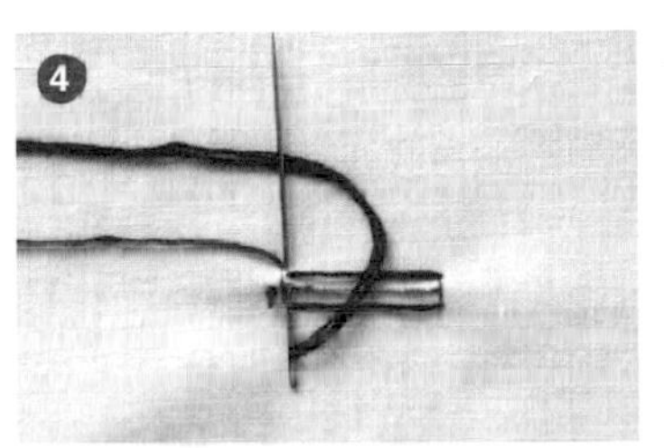

❺ 打結完成

結尾從反面出針，並繞2圈打結完成。

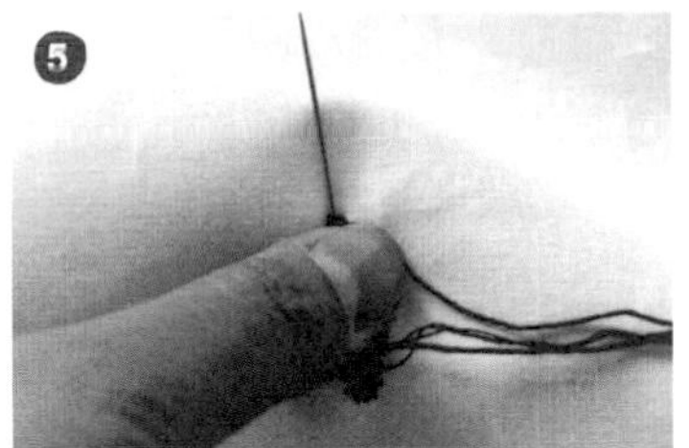

Q36 一般拉鍊、隱形拉鍊有什麼不同？如何替自己的裙子選擇適合的拉鍊？

一般拉鍊、隱形拉鍊最大的差別，在於隱形拉鍊將拉鍊隱藏起來，通常車縫固定在兩片布之間的接線，像套裝和裙子的開口處，只露出拉鍊頭方便拉開關上。所以，若希望布作品上的拉鍊不影響外觀，隱形拉鍊是最佳的選擇。

車縫拉鍊有專用的壓布腳，車縫時要特別注意。若沒有縫紉機欲以手縫方式製作，因為隱形拉鍊的結構不適合以手縫固定，所以一般拉鍊比較適合。

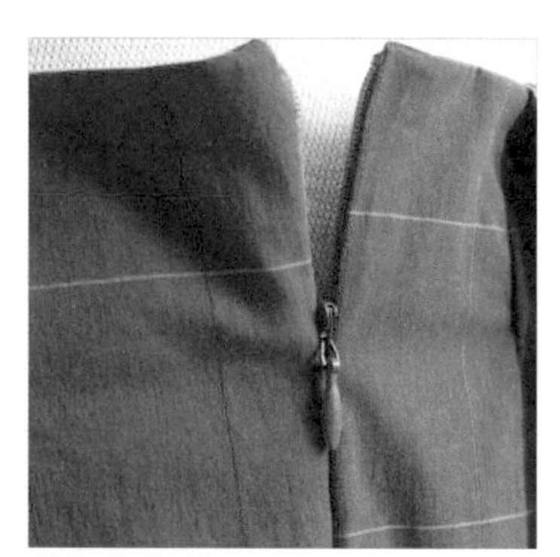

縫上隱形拉鍊

縫上一般拉鍊

Q37 包包上的鐵釦（四合釦）怎麼做？

這種有公母組合固定的釦子，叫作四合釦，固定的方式很簡單，除了木槌，還必須準備以下7種工具和配件，包含：①公釦下片固定座②公釦打具③公釦下片④母釦上片⑤母釦打具⑥母釦下片⑦公釦上片，才能完成工作。組合方法可參照P.55「四合釦組合法」的步驟。

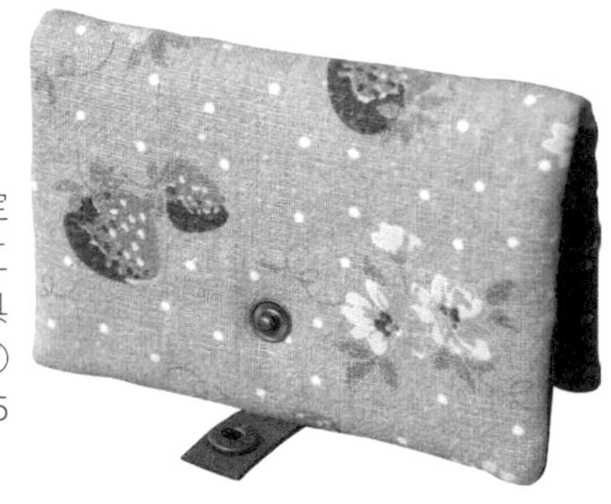

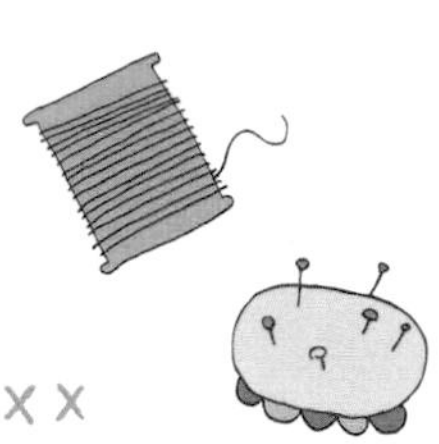

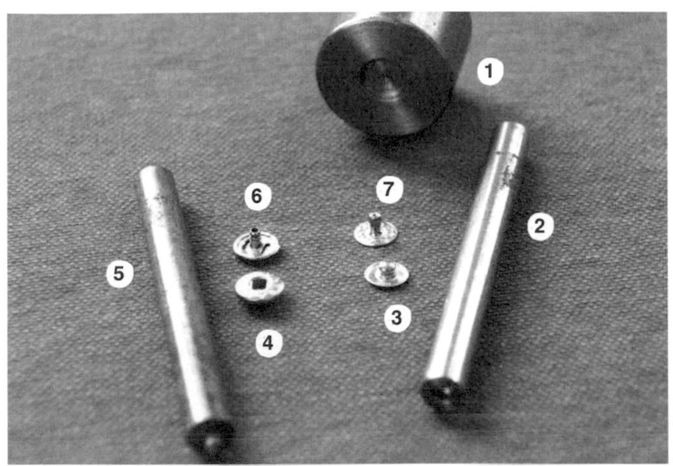

四合釦配件圖

四合釦組合法

❶ 從母釦下片開始

將母釦下片由布料的背面向正面穿出，然後固定位置。

❷ 母釦上片套好下片

將母釦上片套放在做法 ❶ ，即穿出的母釦下片的凸出點。

❸ 使用母釦打具和木槌

使用母釦打具和木槌，敲打固定好母釦上下片。

❹ 固定公片

重複做法 ❶ ～ ❸ ，將公片也固定住即可。

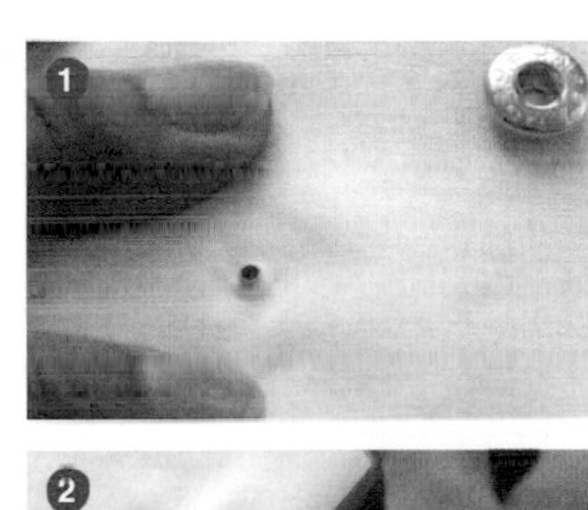

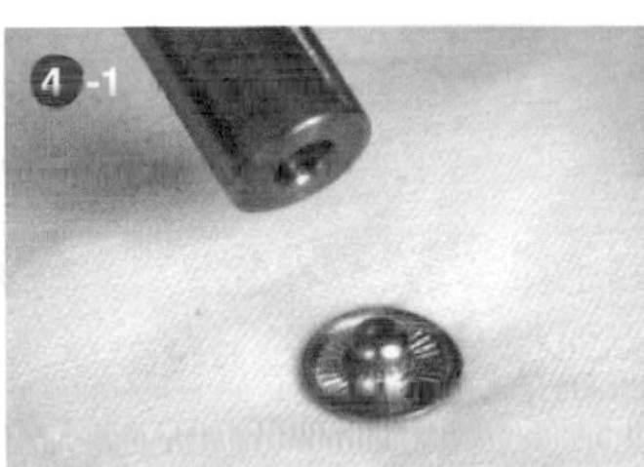

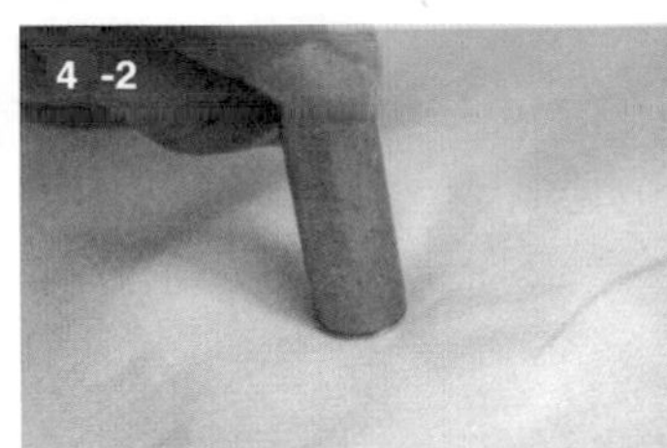

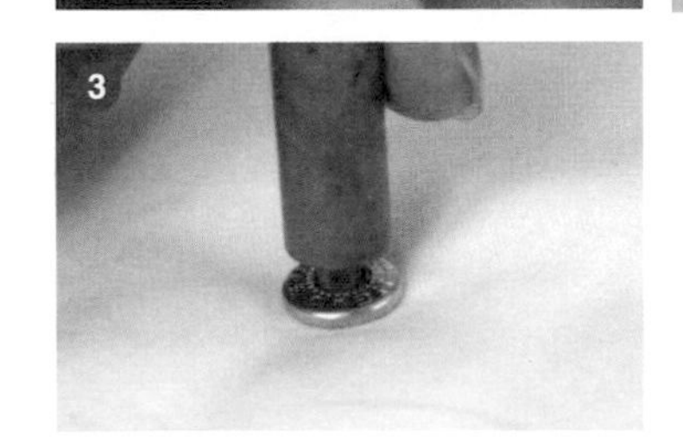

Q38 不同尺寸的鬆緊帶，通常適合用在哪些作品上？

市售的鬆緊帶種類和寬度尺寸繁多，但最常用的鬆緊帶有3/8吋、3/4吋兩種尺寸，也較方便使用，多半用在腰頭或者袖口、衣服下襬，都是相當方便且常用的寬度，讀者可依需求選購。

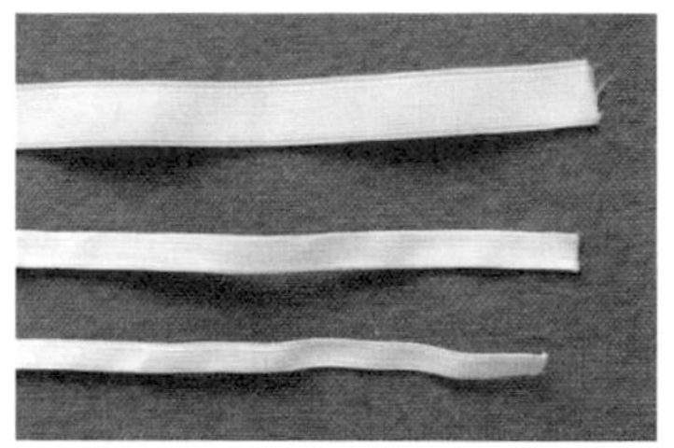

腰頭、袖口最常用到鬆緊帶。

Q39 想做一個厚棉布包，但手邊只有薄棉布時怎麼辦？

想讓布料有較厚實的質感，只要在裡層加一層夾棉，或者鋪棉就可以了。無論使用薄、厚夾棉，都要選有背膠的比較好車縫。可將夾棉或鋪棉按照作品的紙型再剪一份，與布料一起車縫即可。

但要注意若使用夾棉，必須多加一份內裡用布，遮蓋裡層的夾棉面；若選用的是鋪棉，就可以省去這道工。不過鋪棉有個小缺點，因為花色樣式選擇性較小，有時很難剛好配合所需要的顏色。

軟質棉布作品加上夾棉或鋪棉，可增加厚度和挺度。

鋪棉的樣式較少，有時很難找到剛好可搭配的花色。夾棉沒有花色，只有厚薄。

Q40 夾棉、鋪棉的用途？

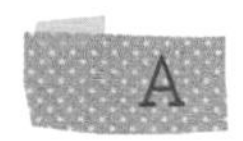

夾棉、鋪棉最大的功用是增加布料的厚度，讓衣服更硬挺好看、手提包更堅固耐用，或者讓雜貨小物更顯質感。所以，適時運用夾棉、鋪棉，是初學者必學的技巧。參照下表，讓你更加認識夾棉、鋪棉。

物品	一般用途
薄夾棉（有背膠）	多用在口罩、拉鍊包、杯墊等需要有厚度，但須保持輕薄的作品。
厚夾棉（有背膠）	多用在大包包、大拉鍊包、夏日涼被、電腦包包，除了加厚以外，還需要堅固並且耐用的作品。
鋪棉	多用在大包包、拉鍊包、電腦包包，用途和厚夾棉類似，但因為表面鋪有布料，可以省去使用內裡布。不過，因為有時候鋪棉的花色無法符合需求，限制比較大。

夾棉、鋪棉用途表

PART 3

正確的測量和製圖

同場加映

Q41 如何準確測量人的身圍？

常有人問準確的身圍有什麼重要？我只能回答：「它實在太重要了！」因為身圍關係著完成後的衣服穿著起來是否合身、舒適，以及視覺上能否順眼、好看，可見其重要性。將P.61的「簡易式量身表」搭配娃娃插圖，即使是縫紉初學者，也能學會簡易式量身。

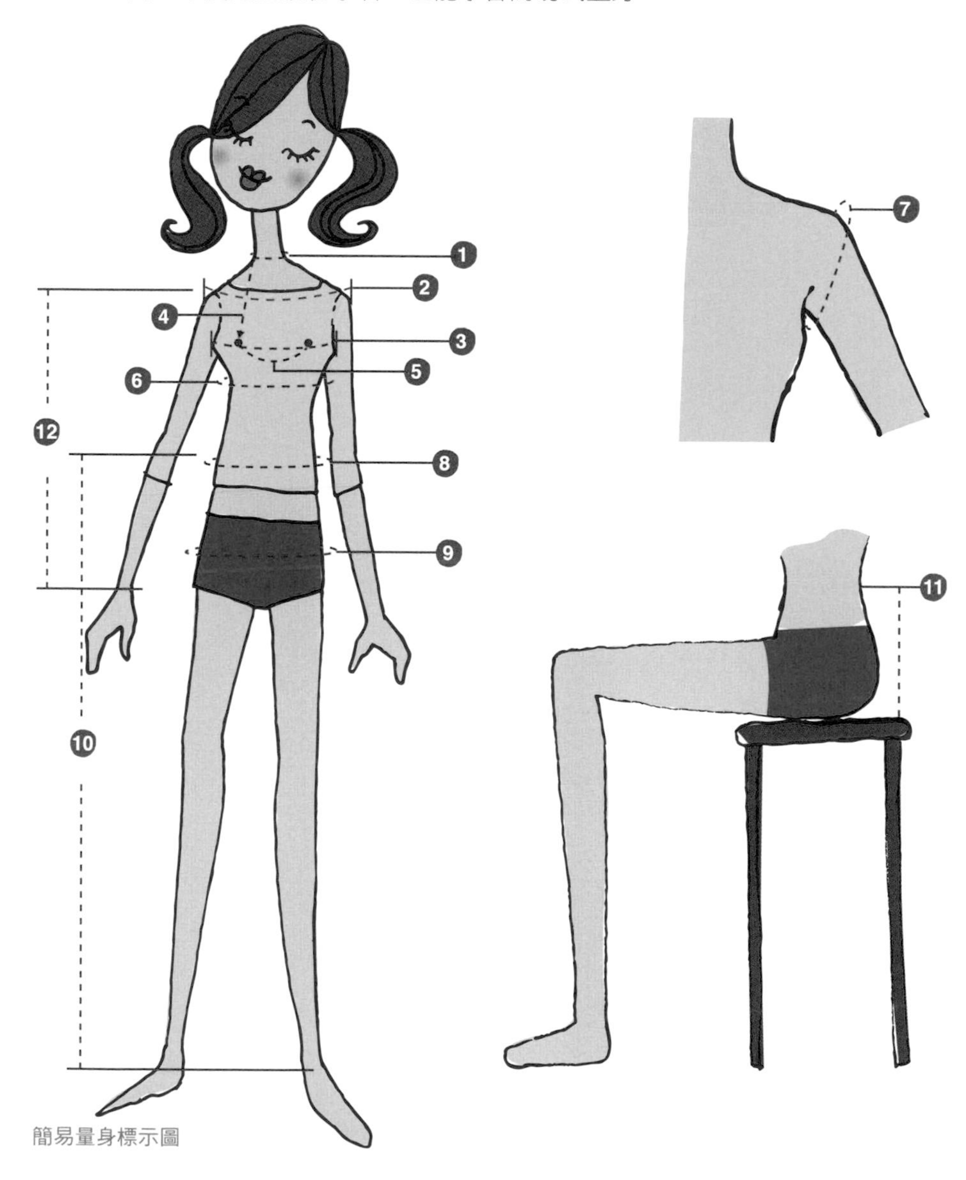

簡易量身標示圖

名稱	量法	用途
❶ 領圍	經過頸圍前中心點和後中心點繞一圈的尺寸	製作領子
❷ 肩寬	經過頸圍後中心點，從左至右尖端點的長度	製作上衣肩膀的寬度
❸ 胸圍	從胸部最突點（BP點）水平繞一圈的尺寸	製作上衣、內衣
❹ BP長	從頸側點往下到胸部最高點的長度	製作上衣
❺ BP點	胸部兩個乳尖點之間的距離	製作上衣的胸褶位置
❻ 胸下圍	胸部下方水平繞一圈的尺寸	買內衣時常需要這個尺寸
❼ 臂根圍	自肩端點，從前到後繞一圈的尺寸	製作袖襱的尺寸（量好的尺寸外加10%，就是一般標準袖襱尺寸）
❽ 腰圍	在腰圍前中心繞一圈的尺寸	製作裙子、褲子
❾ 臀圍	在臀部最高處水平繞一圈的尺寸	製作裙子、褲子
❿ 腿長	從腰脇邊向下量到腳踝處的尺寸	褲子的長度
⓫ 股上長	以坐姿從腰脇邊向下量到椅子水平的尺寸	褲子的股上尺寸
⓬ 臂長	從尖端點向下量到手腕的尺寸	袖子的長度

簡易式量身表

Q42 購買上衣時，該以哪個身圍作基準？

胸圍和臀圍比起來，若胸圍較大則以胸圍為主，反之則以臀圍為主。不過，也要注意自己的肩寬和臂圍，有些比較合身的上衣，在手臂和肩膀處常常過於合身，造成穿著時的不適。

Q43 購買褲子或裙子時，該以哪個身圍作基準？

這時應以臀圍為主，這幾年很受歡迎的低腰褲，它的腰頭尺寸並不等於腰圍的尺寸，所以，在繪製紙型或購買現成褲子、裙子時，最好以臀圍為考量標準。此外，若擔心大腿圍過大，購買褲子時，更必須要確認大腿的尺寸會較準確。

Q44 想製作合身的衣服，要先注意什麼？

A

首先，必須要知道量身計測點。簡單來說，就是身體每個用來繪製紙型時的依據點。常聽到的胸圍、腰圍、臀圍，就是依據量身計測點丈量出來的尺寸，想要做出合身的服裝，正確的量身計測點非常的重要。讀者可參考以下的量身計測點標示圖，試試替他人丈量。

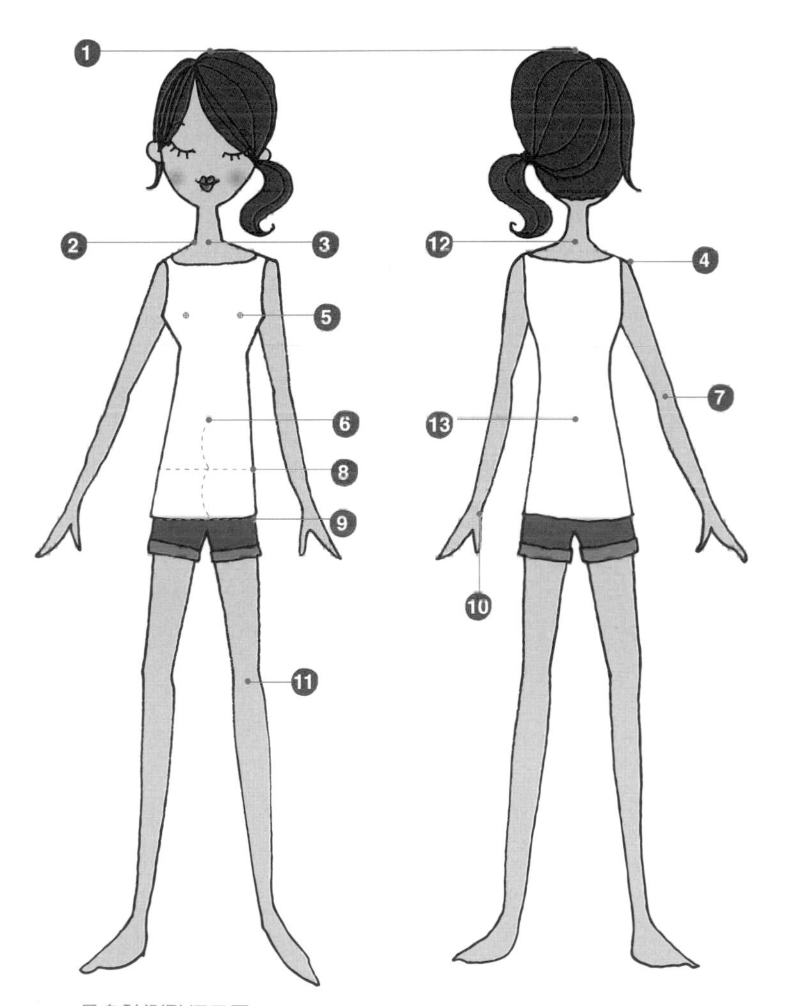

量身計測點標示圖

1 頭頂點
2 側頸點
3 頸圍前中心點
4 肩端點
5 乳尖點（BP點）
6 腰圍線前中心點
7 肘點
8 中腰圍
9 臀圍
10 手根點
11 膝蓋骨中點
12 頸圍後中心點
13 腰圍線後中心點

Q45 聽說只要熟記量身代號，即使不懂外文也能參照原文書製作衣服？

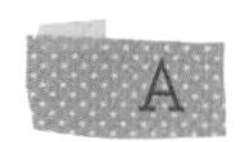

熟記量身代號，也是在自行繪製紙型動作最重要的前置作業，通用的量身代號都是英文縮寫，方便操作者隨筆記下，省去重複書寫這些身圍完整名稱的時間。因這些代號是通用的，只要熟記，有助於瞭解大多數縫紉書籍的標記符號，以及步驟解說教學。

代號（縮寫）	名稱	英文名稱
B	胸圍	Bust
W	腰圍	Waist
H	臀圍	Hip
HL	臀圍線	Hip Line
UB	胸下線	Under Bust
WL	腰圍線	Waist Line
MW	中腰線	Middle Waist
BL	胸圍線	Bust Line
EL	肘線	Elbow Line
KL	膝線	Knee Line
BP	乳尖點（BP點）	Bust Point
FNP	頸圍前中心點	Front Neck Point
SNP	側頸點	Side Neck Point
BNP	頸圍後中心點	Back Neck Point
SP	肩端點	Shoulder Point
AH	袖襱	Arm Hole
HS	頭圍	Head Size
“	吋（英寸）	Inch

量身代號表

Q46 我看不懂縫紉書上的製圖符號，它們代表什麼意思？

這些都是縫紉通用的製圖符號，跟製圖代號一樣，所有縫紉相關的書籍或作品，都會有這樣的記號方便讀者辨識。熟記符號，即使是外文縫紉書籍，也能看圖完成。以下是常見的「縫紉通用製圖記號」，初學者們更要仔細看喔！

名稱	圖示	解說
等分記號	1/2　1/3	指在布片或區段上要分的等分
摺疊記號		通常用在要打褶子的區段，像女用襯衫腰身處就會常常用到。
車縫止點		實線處車縫，虛線處不車縫。
燙伸記號		指此段布面需以熨斗強制伸展整燙，像荷葉邊等波浪效果。
燙縮記號		指此段布面需要以熨斗強制縮短整燙成皺褶，常用於縮縫袖襱前的輔助動作。

縫紉通用製圖記號

名稱	圖示	解說
縮縫記號		指此段布面需要縮縫
斜紋記號		紙型需要依斜向布紋裁剪
直紋記號		紙型需要依直向布紋裁剪
毛向記號		絨毛布類長纖維的布，需要標記毛向（毛的走向）記號。
直角記號	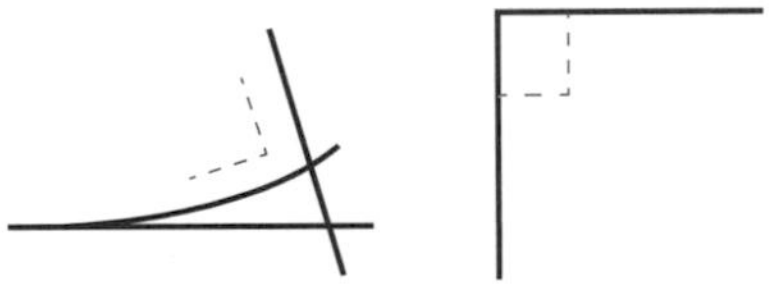	紙型轉角處的直角標記
區別兩條線交叉記號	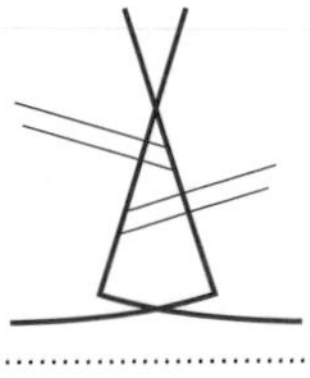	用在紙型共用時的標記
單褶記號		表示褶子車合的方向
合褶記號		雙褶、合褶，表示褶子車合的方向。

縫紉通用製圖記號

名稱	圖示	解說
車縫鬆緊帶	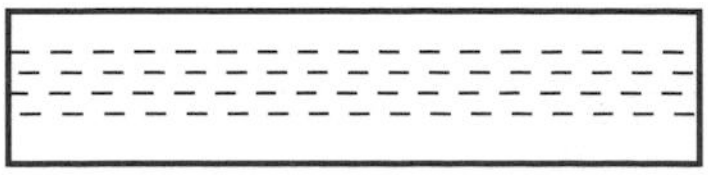	標示需要車縫鬆緊帶的區段
紙型長度省略記號	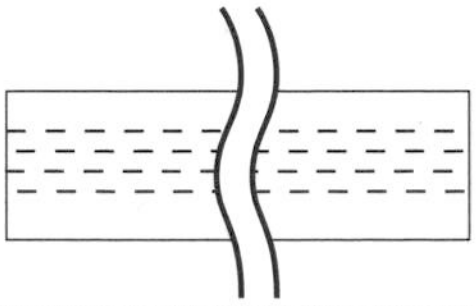	紙型中的局部省略記號
相接記號和合印記號	相接-表示相接的邊 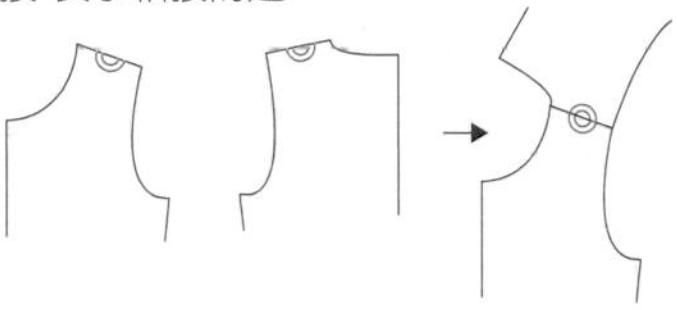 合印-表示此邊需點對點對齊 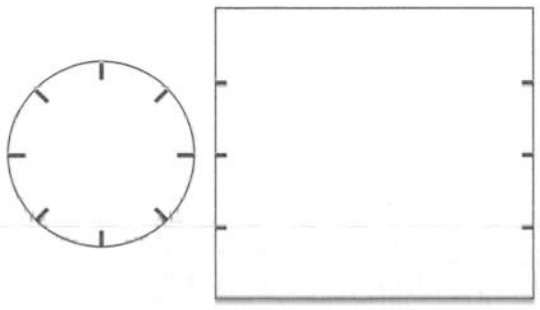	代表此區段需要相接合或緊鄰對齊
牙口記號	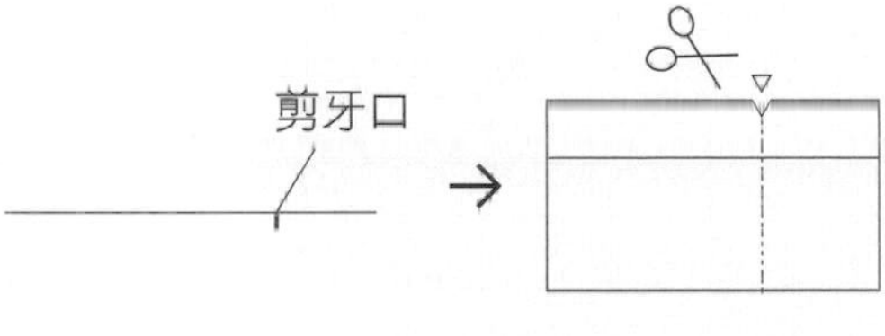 剪牙口	以剪刀在縫份邊緣剪下小缺角，用來做記號提醒，不需要剪得太大，只要自己看得見即可。
雙記號	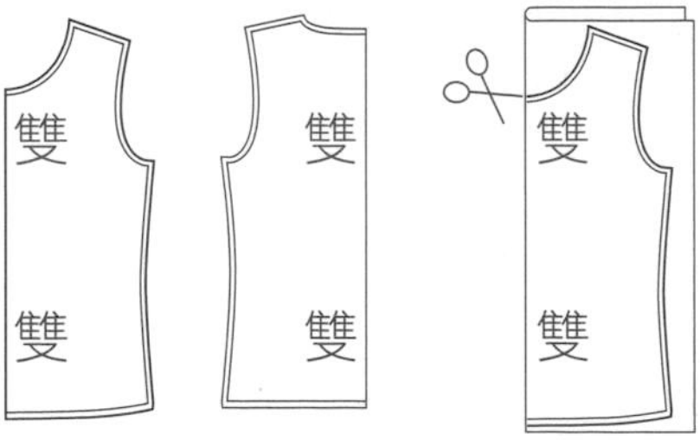 雙 雙 雙 雙 雙 雙	針對外型複雜，但是兩邊對稱的紙型做省略的標示，這樣只需要繪製半邊的紙型，在裁剪布時將布對摺，可一次剪出完整又對稱的形狀。

縫紉通用製圖記號

Q47 如何繪製最簡單的裙子原型？

學習基礎打版的入門通常從下半身學起，裙子看似複雜，但卻是製作衣服最基本的基礎步驟，仔細比較後會發現裙子的畫法最為簡單。

以下是以24吋腰圍、36吋臀圍為範本的及膝裙原型，初學者們需先參照p.60的Q41，以及p.64的Q45學會測量W（腰圍）、H（臀圍）L等。由於原型是做成適於穿著的衣物的最初骨架，因此，學會畫呆版的原型，熟記基準點的尺寸畫法，就可以自行添加巧思，繪製自己設計的款式。

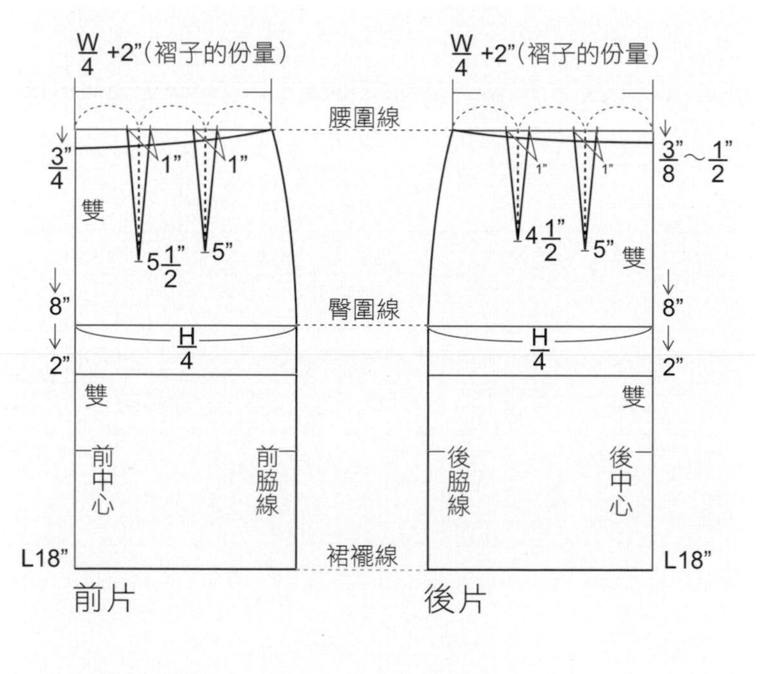

腰圍24"
臀圍36"
衣長18"
腰長8"

製圖尺寸

紅線代表基本線，只要先畫出基本線，裙子原形就呼之欲出了。

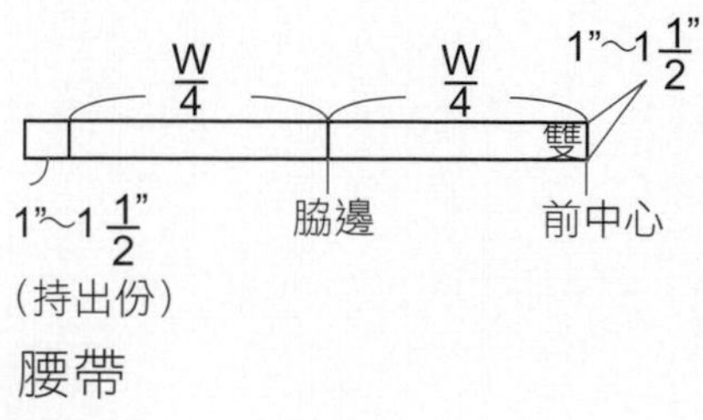

及膝裙原型圖

Q48 如何繪製最簡單的褲子原型？

基本打版的第二階段是褲子，要注意臀部和股上的位置，製圖的曲線、尺寸掌控要恰當，完成後的褲子曲線就會好看，穿起來不僅舒適，而且會有修飾曲線的效果。以下是以27吋腰圍、37吋臀圍、褲長39吋為範本的長褲原型，初學者們需先參照p.60的Q41，學會測量W（腰圍）、H（臀圍），依照範例試畫看看，看起來複雜的原型，只要熟記基準點的尺寸畫法，其實並不難畫。

腰圍27"
臀圍37"
褲長39"
腰長8"
股上10.5"
膝線8"
膝圍18"

製圖尺寸

紅線代表基本線，只要先畫出基本線，裙子原形就呼之欲出了。

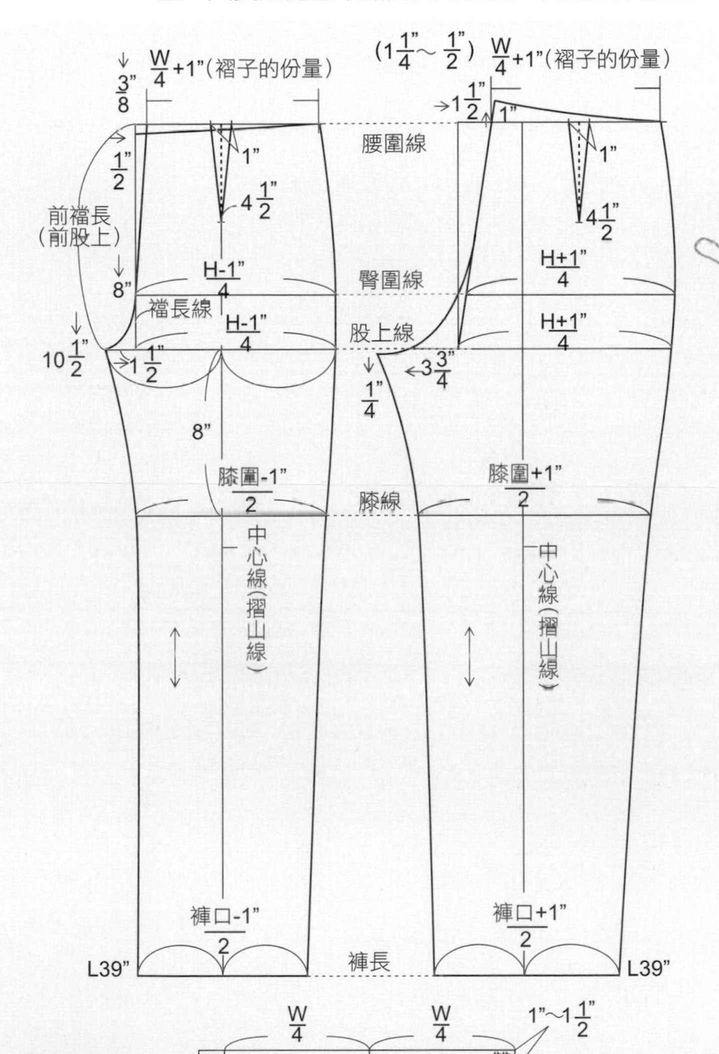

長褲原型圖

腰帶

同場加映

褲子的股上尺寸很重要

褲子要好穿，除了各部位的尺寸準確之外，「股上」的尺寸尤其重要，所以在丈量身圍尺寸時一定要精準。接著在製圖時需注意尺寸的計算和弧線的比例。若身型較為豐潤，股上線的弧線（下圖粉紅色虛線）彎曲度建議稍微彎曲一點會比較合身。

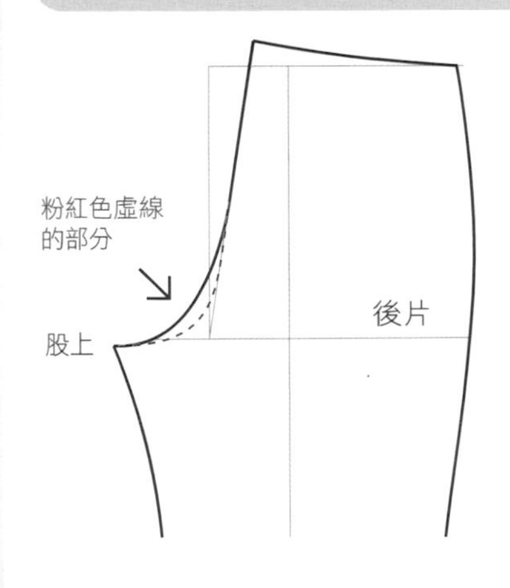

Q49 如何繪製最簡單的上衣紙原型？

第三階段是學習畫上衣的原型，必須計算胸褶摺份和袖襱、領圍的尺寸。初學者們需先參照p.64的Q45，學會測量BPL（胸長）、B（胸圍）、AH（袖襱）、EL（肘線），再依照範例畫一次，熟記範例上標示的尺寸求法，熟練之後就能自己發揮巧思，設計自己的衣服。

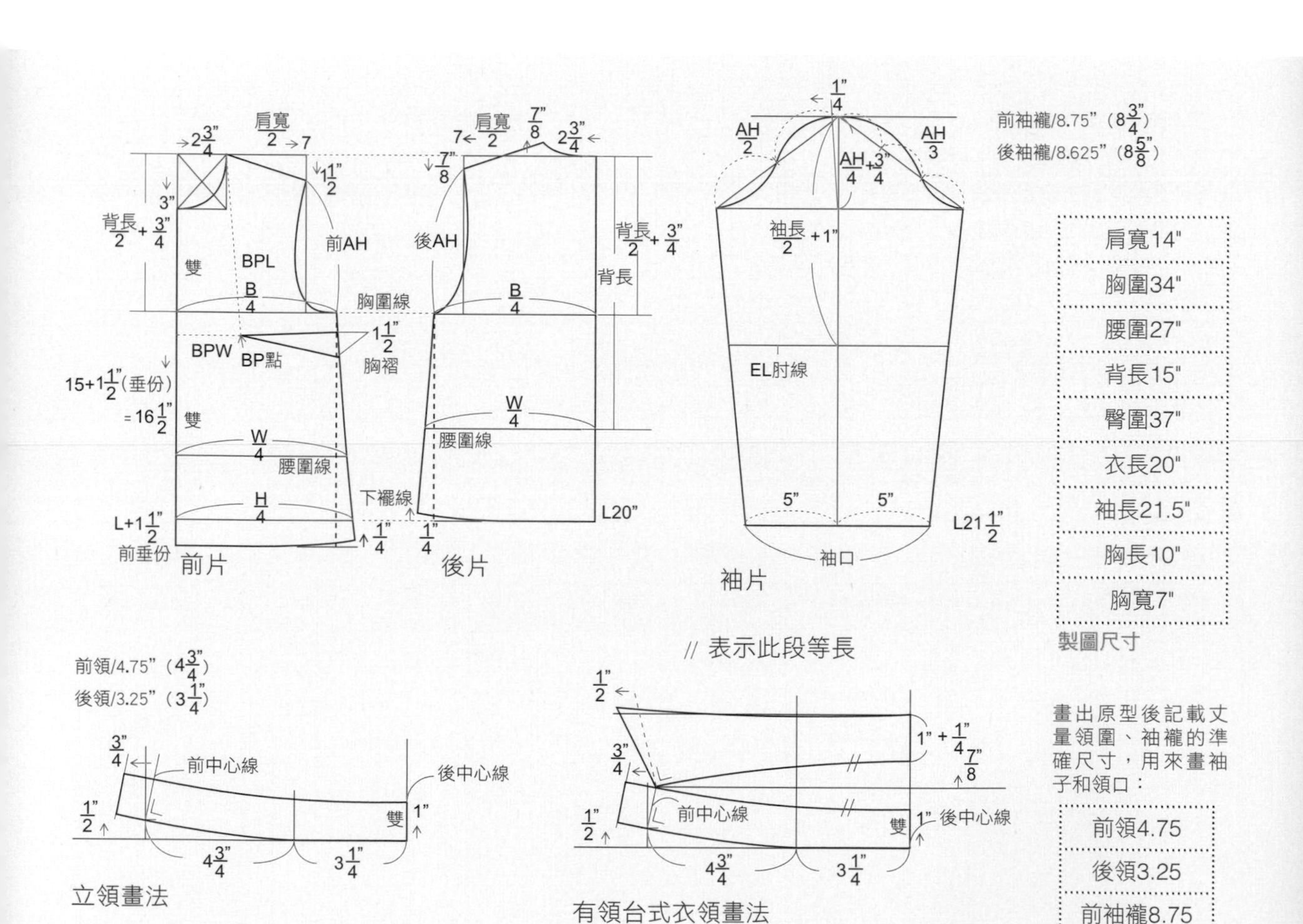

上衣原型

PART 4
實用的裁縫技法

同場加映

Q50 我想在2塊要車縫的布上同時畫記號線，該怎麼做？

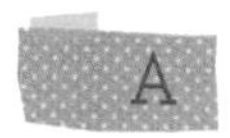

若想在對稱的布片上做車縫位置標示的記號，除了利用紙（版）型描繪，另一種最快、誤差最小的方式，就是利用「縫紉用複寫紙」了。參照以下「縫紉用複寫紙用法」，就能簡單畫好。

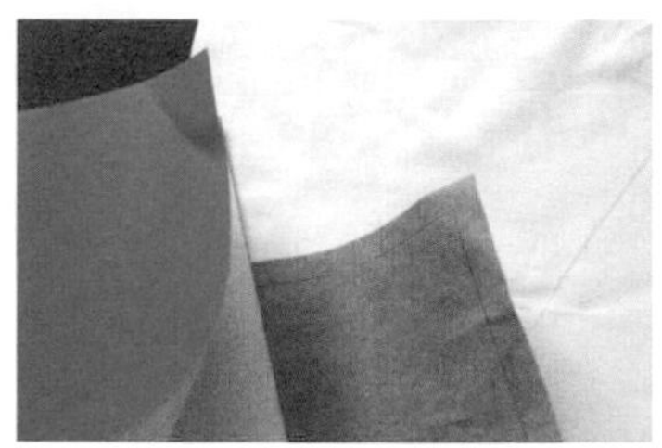

不同顏色的複寫紙實用性高！

縫紉用複寫紙用法

❶ 選擇紙的顏色

通常一包縫紉用複寫紙裡面會有很多種顏色，可依布料的顏色、需求選用。

❷ 紙的複印面朝外且對摺

將複寫紙的複印面朝外並且對摺，才能兩面都複印到，再夾在需要作印記的2片布中間。

❸ 以點線器開始畫

將紙（版）排放在布片上，利用點線器在紙（版）上面開始描繪記號。

❹ 取出複寫紙

描繪完成後取出複寫紙，2片布同時都有對應的複印記號了。

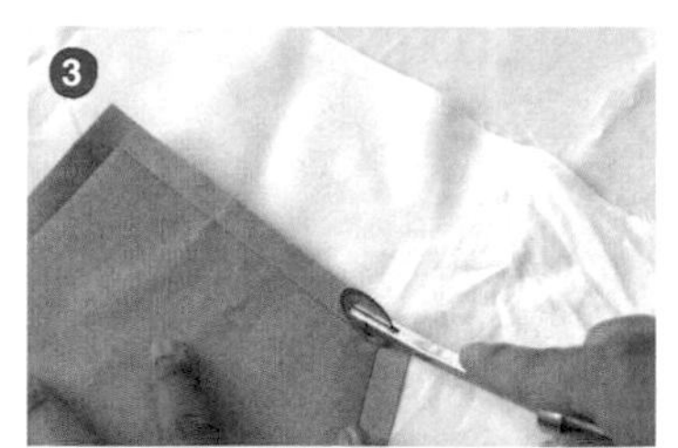

Q51 裁剪、車縫格子布或直紋布時，該注意哪些地方？

像格子布、大直條紋這類視覺上必須對齊才好看的布料，在裁剪和裁縫過程中，一旦不小心處理，格子和格子交錯、條紋和條紋之間沒對齊，都會讓人感覺很不細緻。所以，縫製這類布之前可先參照以下注意事項，讓你一次就成功。

如果布紋在裁剪和縫紉過程中做工精緻，旁人是不容易看到縫紉接線的。

縫製格子、條紋布注意事項

❶ 紙型的擺放很重要

在裁剪格子布或大直條紋的布料前，紙型的擺放是相當重要的，必須將之後會車縫在一起的紙型對好布紋，然後小心的裁剪，注意在裁剪過程中，不要移動紙型，以免造成錯位。

❷ 再次確認布紋是否準確對齊

車縫裁剪好的布片時，要再次確認布紋是否準確對齊。所有布紋的相對位置、布片間相鄰的邊都要對齊，若失敗必須重新裁剪。

❸ 車縫時邊注意再操作

在車縫過程中隨時注意布紋有沒有錯位，適時調整，避免格子或直紋沒有對齊。所以，脇邊、袖管、肩線等處，在車縫時都必須仔細對齊，作品才會美觀精緻。

×

錯位了！！

○

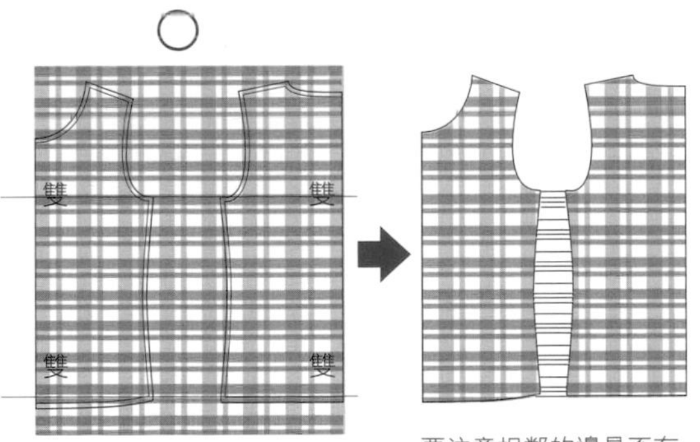

所有的相對位置要對齊，布紋才會整齊。

要注意相鄰的邊是否有對齊，尤其要事先確認車縫連接後紋路是否不順的情況。

Q52 什麼是牙口記號？做牙口記號有什麼好處？

使用剪刀在紙（版）型、欲車縫的布片邊緣剪下小三角缺口，是為了當作車縫時，或者其他狀態時提醒自己的記號點。牙口不需要剪太大，只要方便自己看到即可。剪牙口的方法可參照下圖。

剪牙口方法

❶ 牙口不可剪太大

在布片邊緣或紙型邊緣剪下小缺口，切記不需要剪得過大，
大概為縫份的1/3即可。

❷ 牙口記號可當作對齊記號

牙口記號通常用於對齊或對位的記號點，像兩邊要車縫時，
可用來當作對齊的記號。

Q53　除了用記號筆在布上做車縫記號，還有別的方法嗎？

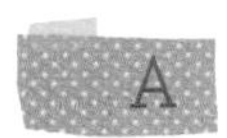

當布中心需要做一些摺疊車縫或位置記號時，不一定非得使用消失筆或粉片、粉圖筆製作記號點，利用棉質的疏縫線也是不錯的方法。疏縫線上有細微的毛纖維會服貼在布料上，用來做記號很適合，只要不刻意抽取，是不會輕易消失的。以疏縫線做記號的方法可參照下圖。

疏縫線做記號方法

❶ 疏縫線穿入布上

將疏縫線穿入針中，針穿過欲做記號的位置上，若這時有2片布在相同的位置，都要做記號，只須放長線即可。

❷ 將疏縫線切斷

翻開上面的布片，將穿過的疏縫線一刀兩斷，這樣2片布都有記號點。

❸ 抽掉疏縫線

在車縫完成過後再抽掉疏縫線，簡單完成囉。

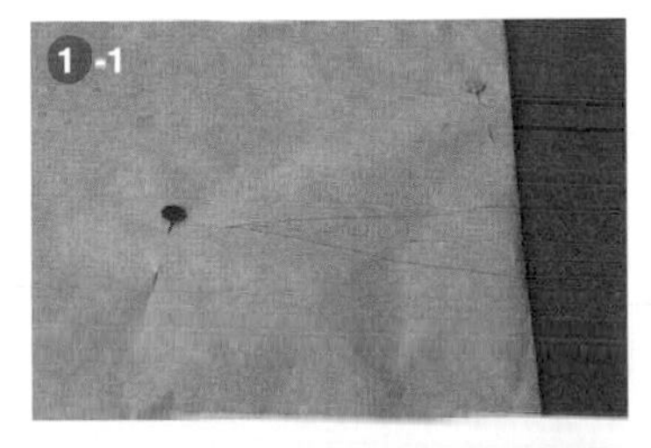

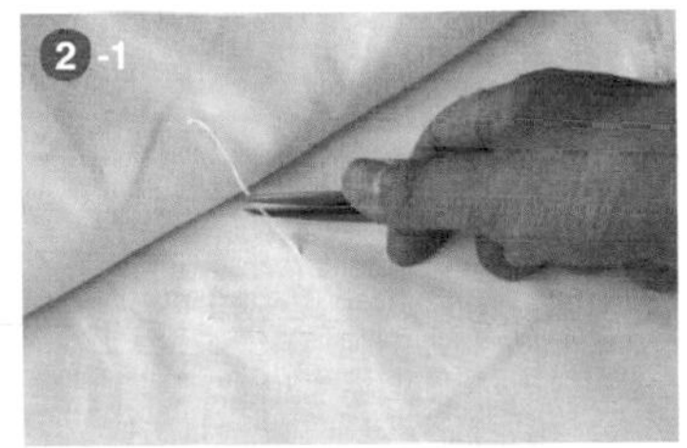

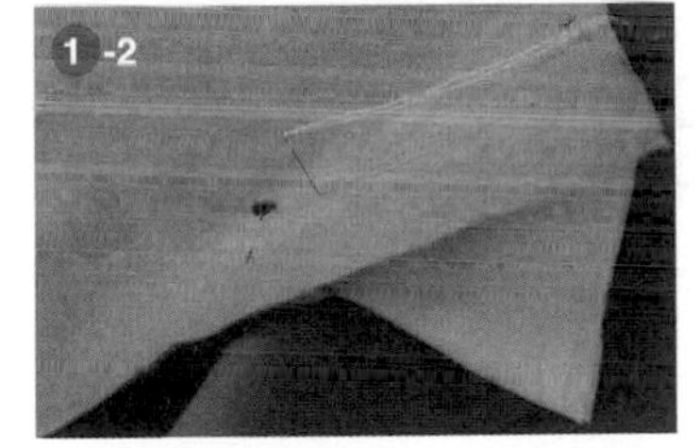

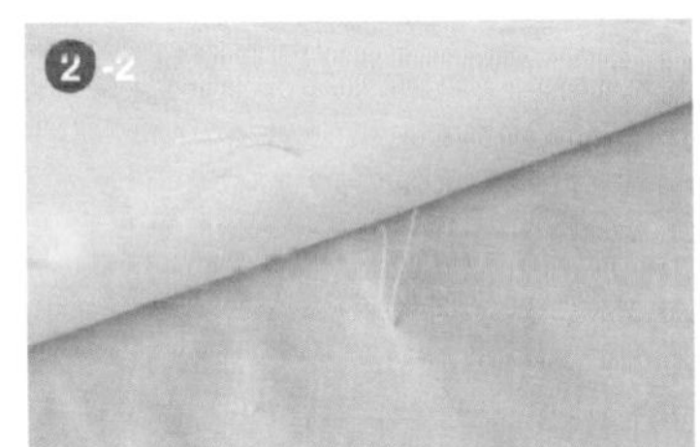

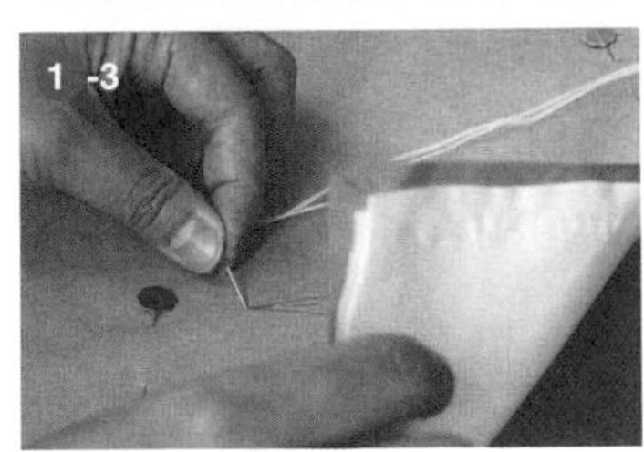

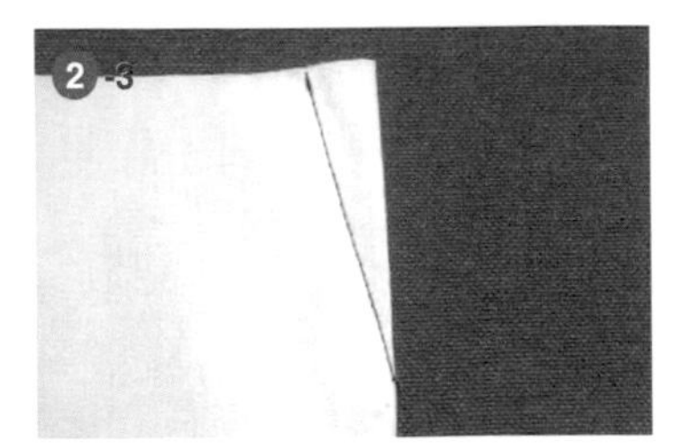

Q54 縫紉時為什麼要留縫份?要留多少寬度的縫份才適當?

留縫份是為了方便車縫，要留多寬的縫份可視布作品的需求而定，初學者可參照以下「縫份尺寸參考」，學會判斷該預留多少的縫份。

縫份尺寸參考

❶ 上衣縫份

一般上衣除了下襬外，都留3/8吋，下襬則留3/4～1吋。 不過，上衣部分若以包邊處理，可不留縫份；若以三褶縫收縫，需留2倍寬的縫份。

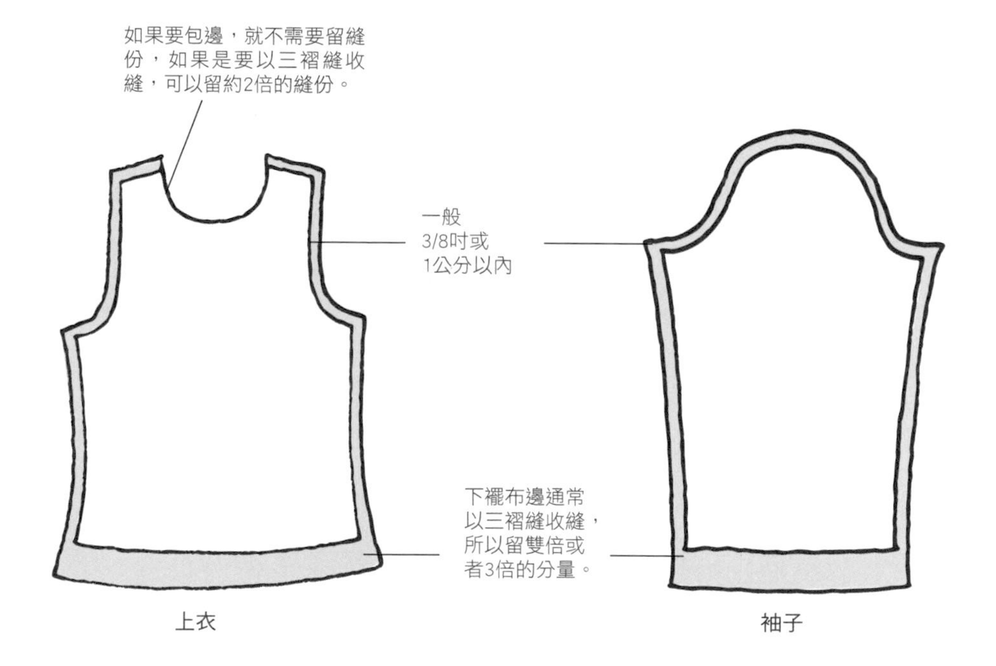

❷ **褲子縫份**

除褲口以外都留3/8吋，褲口則留3/4～1吋。

❸ **裙子縫份**

裙子除了下襬外，都留3/8吋，下襬則留3/4～1吋。

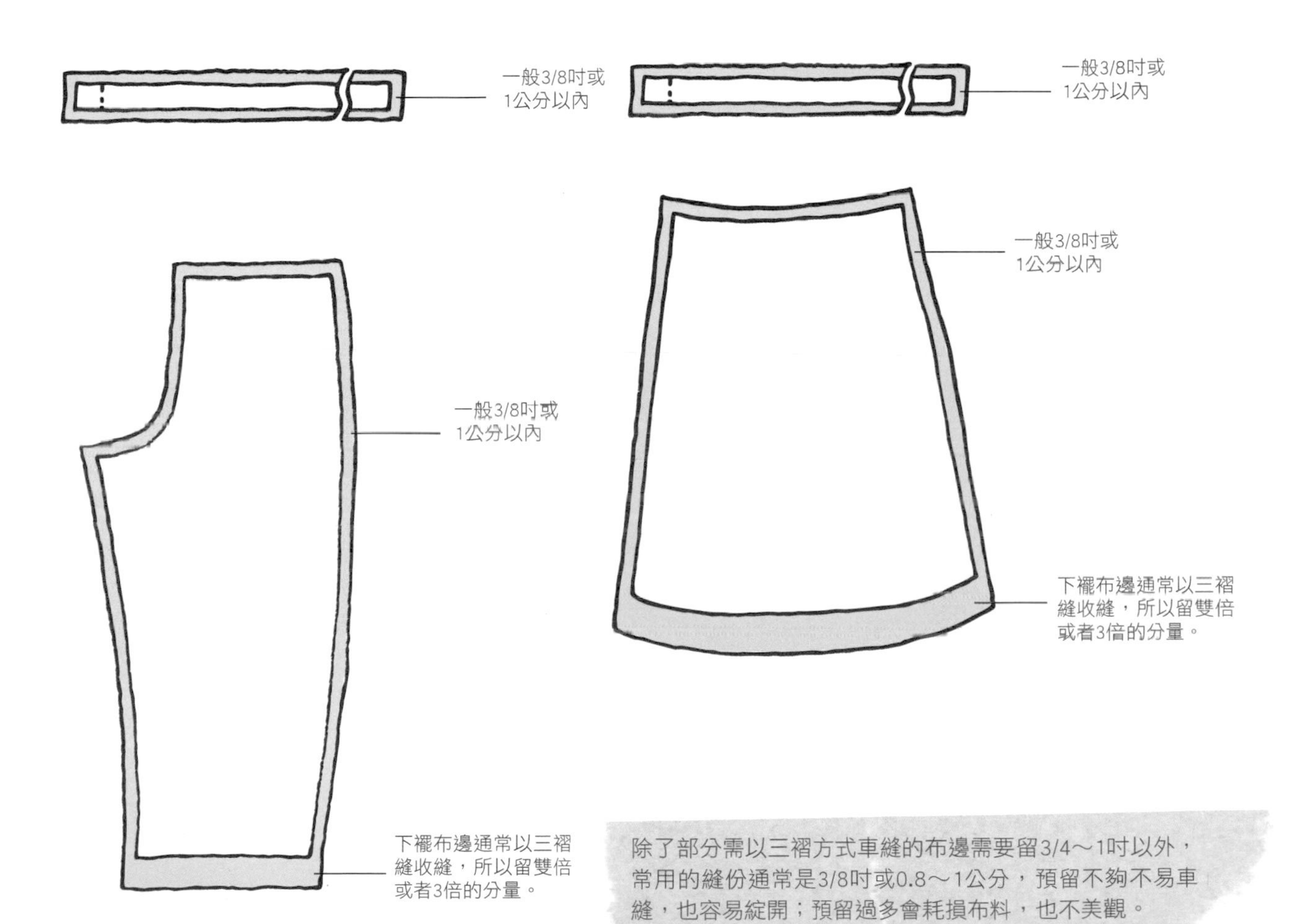

除了部分需以三褶方式車縫的布邊需要留3/4～1吋以外，常用的縫份通常是3/8吋或0.8～1公分，預留不夠不易車縫，也容易綻開；預留過多會耗損布料，也不美觀。

POINT

Q55 夾棉的縫份該如何處理？

若作品原來縫份是3/8吋，可將裡面夾棉的縫份縮剩約1/8吋，剩的縫份只要能供車縫時固定即可。這樣除了可防止夾棉多出來的縫份影響作品邊緣厚度，有時某些作品還必須搭配其他加工，夾棉縫份的厚度可能導致加工過程更困難，所以，夾棉縫份的寬度必須縮減。

夾棉或鋪棉可以增加布料的厚度，但若整片布料都加厚，縫份也會過厚而難以處理，甚至會影響外觀。所以，為了達到僅單純加厚布料但不影響縫份邊緣厚度的目的，需將夾棉邊緣的縫份內縮，以避免縫份太厚，影響作品外觀。

經過處理的夾棉縫份，讓收納袋看起來更美觀。

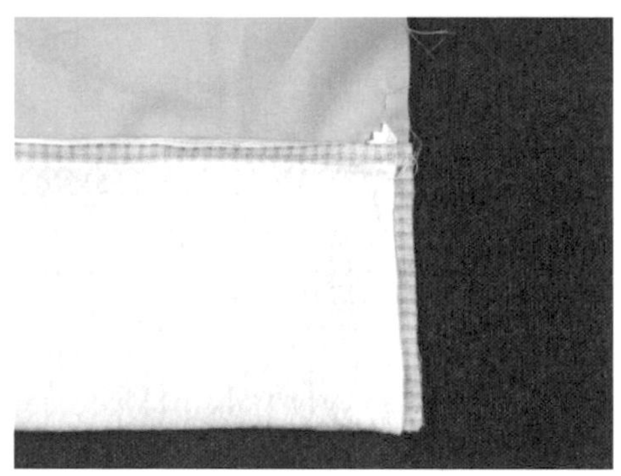

若原縫份為3/8吋，可將裡面夾棉的縫份縮剩約1/8吋，使車縫時能固定即可。

夾棉內縮，沒有縫份車縫後的樣貌。

Q56 為什麼車縫過後的縫份，需使用熨斗將它燙開？

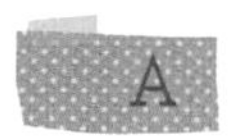

將車縫後的縫份攤開燙平，叫作「平縫份」。攤平縫份的目的是為了讓作品的厚度平均，不會在接縫處突起，保持作品的工整。平縫份方法簡單，讀者們參照以下步驟很快就能學會！

因布料的縫份已經燙開，包包接縫處既平整又美觀。

平縫份方法

❶ 車縫布料

先將兩片布料對齊後車縫直線。

❷ 攤開熨燙

將布片和縫份左右攤開，然後以熨斗整燙。

❸ 縫份平攤

經過熨燙縫份被平攤至兩邊，這樣就能均分左右的厚度。

Q57 為什麼有些作品需要把縫份撥到同一邊？

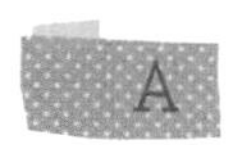

將縫份全撥到同一邊主要有2個用途：一是避免影響作品完成後的使用過程而將縫份導到同一邊固定，另一則是要特別壓車縫線作視覺上的裝飾，當然這2種狀況也可能同時發生。

例如：車縫褲子的兩脇，須將縫份導向同一邊，再配合熨斗整燙，將同邊的縫份整燙固定，一般我們稱作「倒縫份」。倒縫份的方法可參照以下的步驟圖。

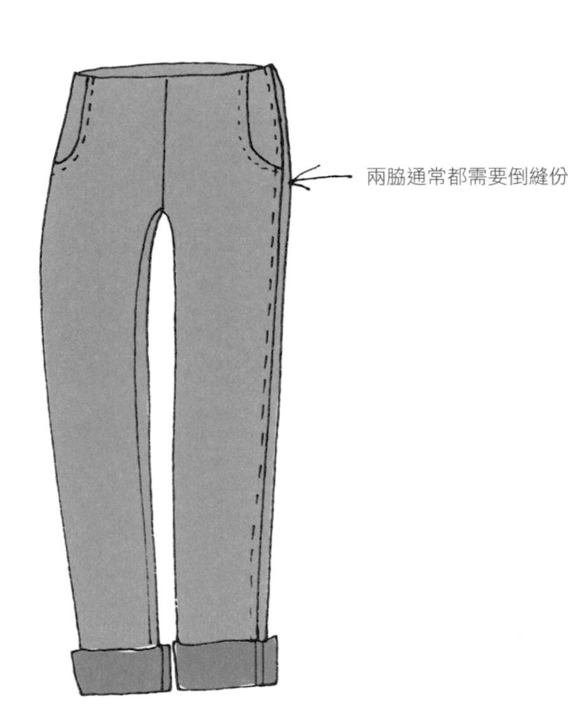

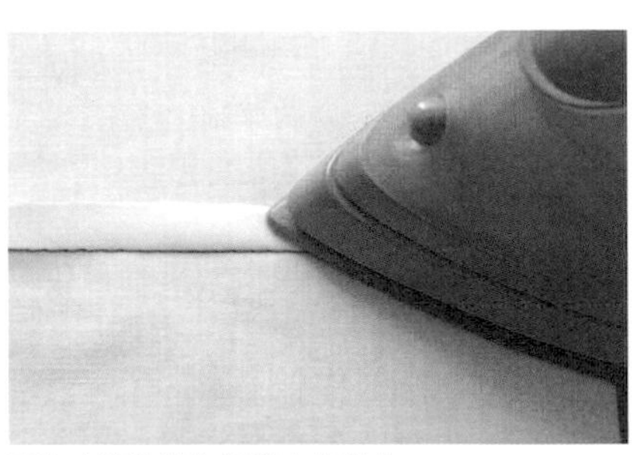
壓上車縫線當作視覺上的裝飾

倒縫份正面

倒縫份反面

倒縫份方法

❶ 先平縫份

首先，參照p.79先將布料平縫份，將縫份攤開熨燙。

❷ 縫份導向同一邊

將縫份同時導向一邊，以熨斗整燙固定，這裡是關鍵，要特別注意。

❸ 完美、瑕疵的倒縫份

車縫接處能熨平，倒縫份才會完美好看。圖中一是完美的倒縫份，另一則是有瑕疵的倒縫份。

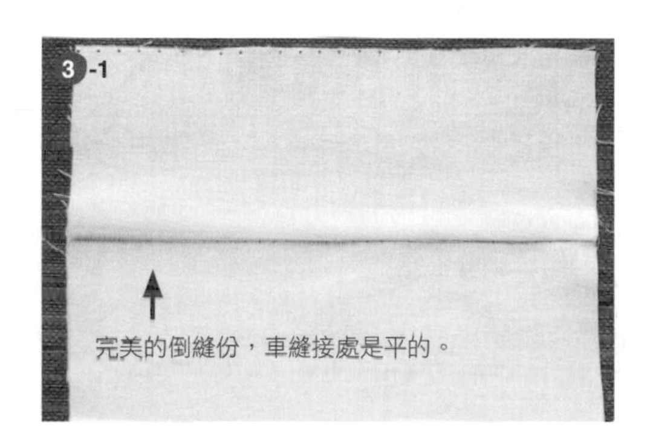

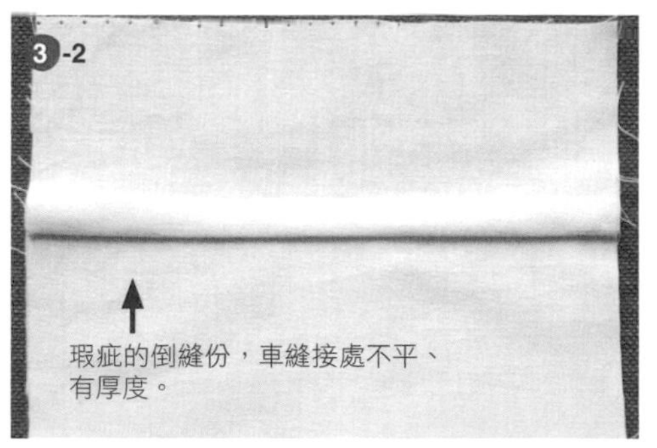

Q58 手縫時，針上的線要留多少長度比較適當？

A

手縫時，留下過長的線容易在縫製過程中誤打死結；留短的線雖然方便於縫製，但卻需時常換線而浪費時間。參照插圖，將一條長度約90公分的線穿入針孔內，在較長的線打一個結。另一端線的長度約為打結端的3/4長，就能以適當的長度做專業的手縫。

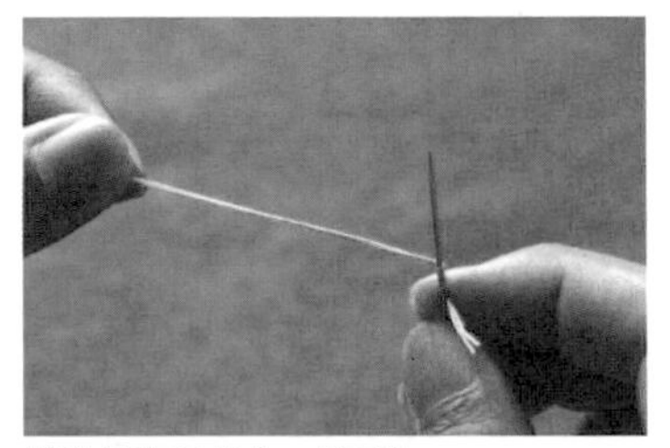
將針壓在手指上，繞3圈。

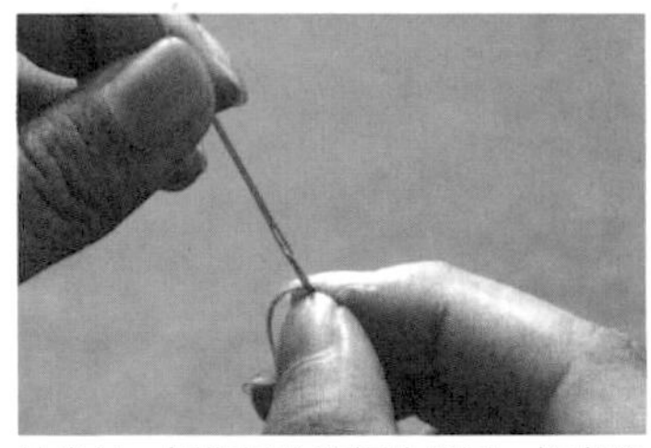
抽出針，拇指掐住繞好的線圈，拉出線到底。

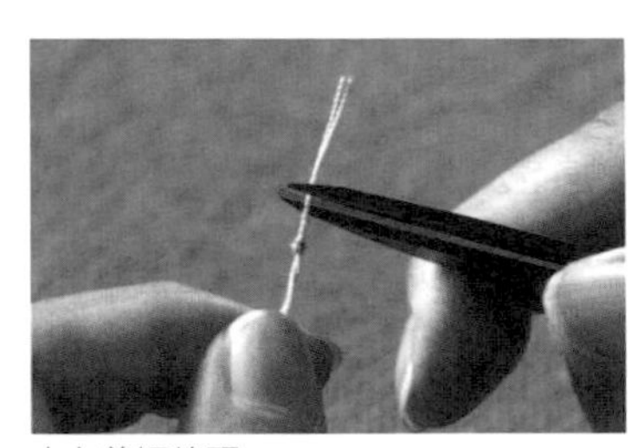
小心剪短線頭

同場加映

手縫時，打結也要看工夫——始縫結

拿針縫布料，只要稍微練習過都可以縫出作品來，但若想讓自己的手縫動作熟練，就從穿針引線後的打結（始縫結）開始吧！首先，將線穿入針孔中，手指壓住針，線繞針3圈。接著抽出針，用拇指掐住繞好的線圈，將線拉到底，最後剪短線頭即可。

Q59 手縫時，該如何起頭、結尾，才能縫得牢固又美觀？

手縫是最簡單的縫紉基本工夫，良好的動作可幫助你更有效率的完成手縫工作。以下是以平針縫為例，包含起頭、結尾的縫法，讀者們可以在家多練習，很快就能運用在作品上。

手縫的基本步驟

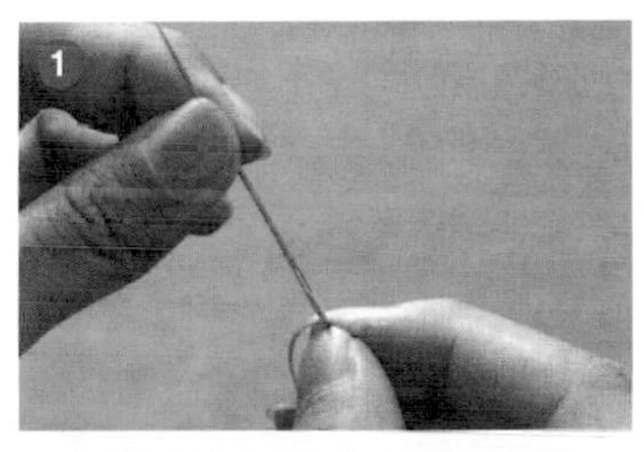

❶ 穿線、打始縫結

參照p.82的Q58，穿好線後打一個始縫結。，若這時有2片布在相同的位置，都要做記號，只須放長線即可。

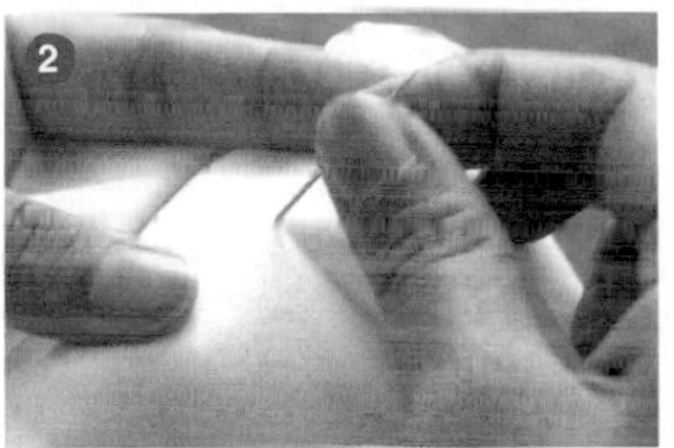

❷ 出針

布的正面朝自己，針線從背面穿至正面。

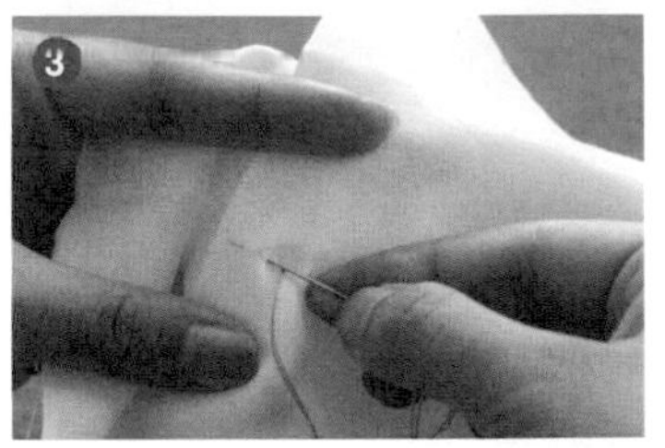

❸ 開始平針縫

距離0.3～0.5公分針距再穿入背面，第三針等距離從正面拉出，第四針之後同前面的步驟。

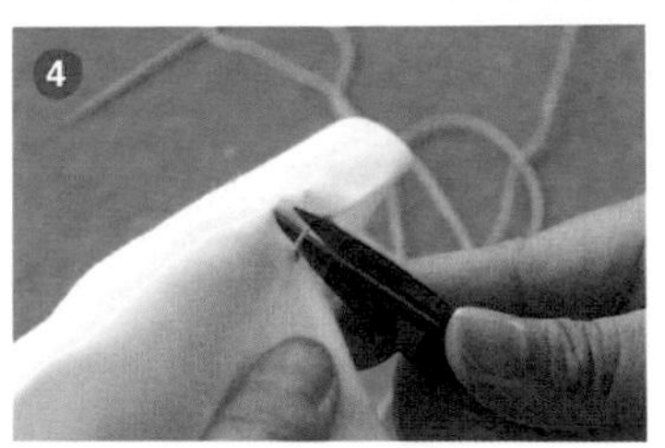

❹ 開始平針縫

在停止處或換線處，從布的背面收尾打結，這結稱為「止縫結」。

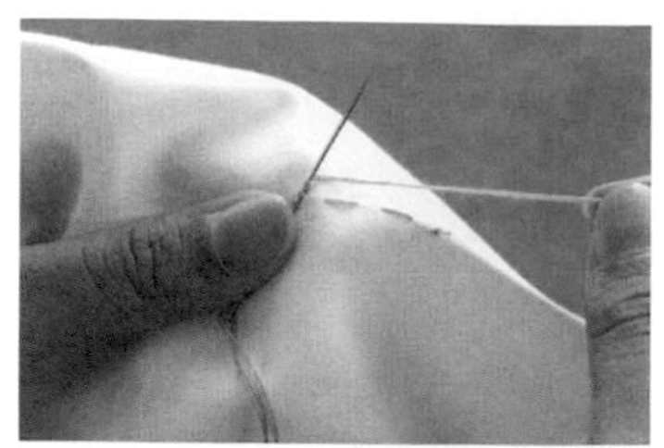

拇指、食指壓住針，線繞3圈。

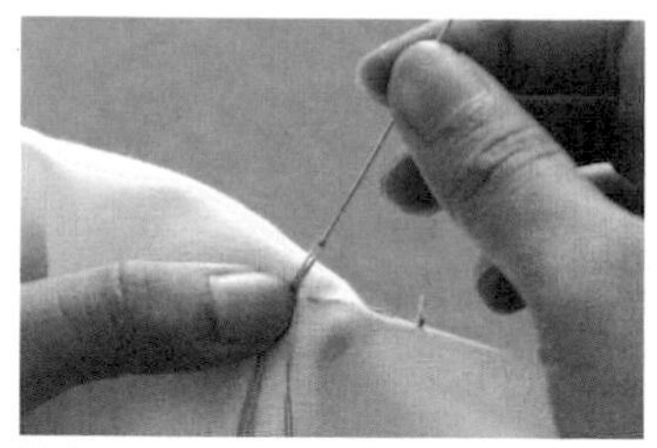

抽出針，拇指掐住繞好的線圈，拉出線到底。

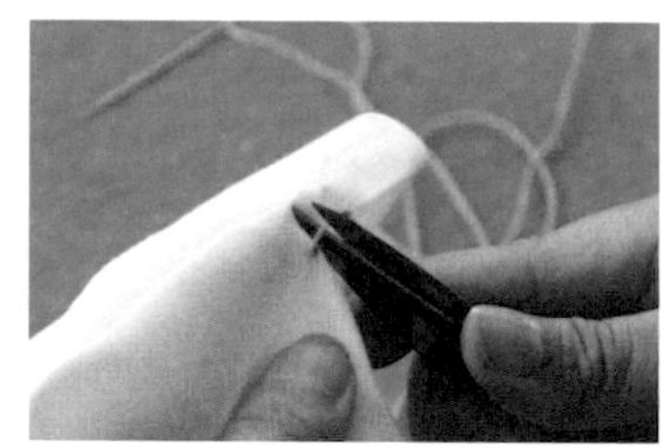

小心剪短線頭

同場加映

手縫時，打結也要看工夫——止縫結

經過了前面的練習，相信始結縫難不倒你了，接下來要試試手縫完畢時，打個不拖泥帶水的止縫結。首先類似始縫結的方式，但這裡多了一塊布，拇指和食指（在布背面）壓住針，就是線的收尾處，線繞針3圈。接著抽出針，用拇指掐住繞好的線圈，將線拉到底，最後剪短線頭即可。

Q60 常看到平針縫、回針縫、藏針縫……我應該先學哪些基本的手縫技法

只要學會基礎的手縫和使用縫紉機，就可以隨意製作各種用品。若你想製作抱枕、背心、束口袋這類小作品，利用手縫就綽綽有餘不費力。參照以下的「常用手縫法圖表」，按步驟多操作幾次，必可熟能生巧，完成夢想的布作品。

名稱和圖示	用途	步驟
回針縫 ①起針 ②入 ③出	最常使用的基本手縫法，可以用來勾勒繡花圖案的邊緣，也可以用來固定布片。比起平針縫來得更堅固、不易鬆脫。	❶ 從布的背面起針。 ❷ 從布的正面等距離入第二針，等距離從布背面出第三針，以此類推。
平針縫 ①起針 ②入 ③出	通常用來固定縫紉時不好車縫的區域，即「疏縫」，或可在純手縫作品中永久固定布片。縫製過程中要注意針距，等距離的針腳作品較美觀。	❶ 從布背面出針。 ❷ 從布的正面等距離入針，一次穿2～3針後再一次抽出，會比較容易縫出直線，速度也會比較快。
鏈條繡 ①起針 ②入 ③固定	用途很廣的繡法，單一的鏈條繡可以充當花瓣或綠葉，連貫的鏈條繡也能呈現出不錯的效果。	❶ 從布的背面起針。

常用手縫法圖表

名稱和圖示	用途	步驟
		❷ 從布的正面等距離入第二針，等距從布背面出第三針，以此類推。 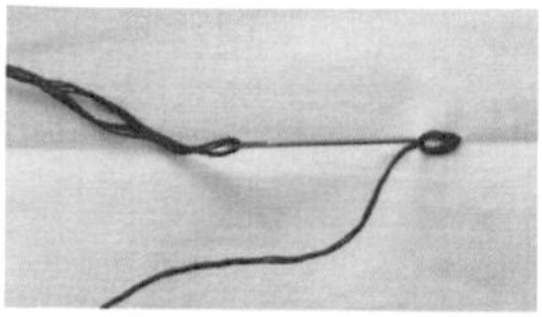 ❸ 若是連貫的鏈條，只要重複步驟❶即可。 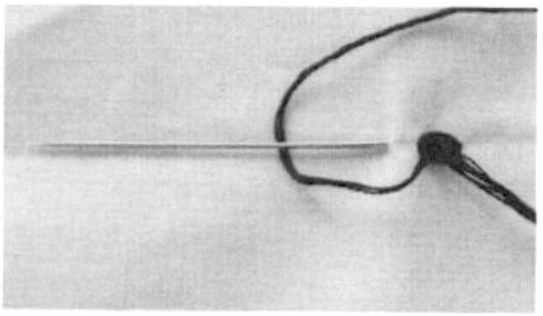 
藏針縫 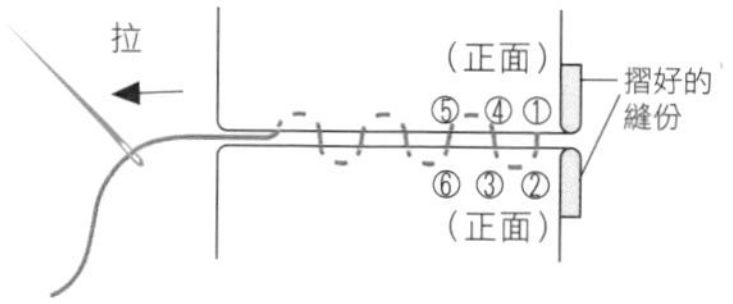 拉 （正面） ⑤-④ ① 摺好的縫份 ⑥ ③ ② （正面）	這是最常用的收尾手縫法，多用在必須隱藏線段的作品，又叫作「對針縫」。像縫娃娃、玩偶的收口部位，大多用這種縫法。	❶ 從布的背面起針。  ❷ 過程中務必對齊每點下針處，作品才不會看到線。 ❸ 結尾時，參照p.84，在正面打「止縫結」，然後穿入背面拉緊，即可將結藏起來，再將針線穿到正面後拉緊，剪線即可。

常用手縫法圖表

名稱和圖示	用途	步驟

釦眼縫  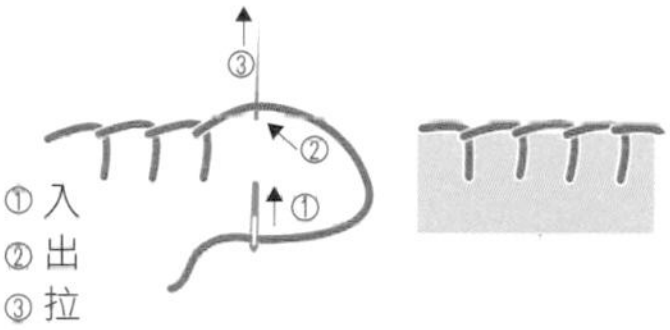 ①入 ②出 ③拉	又稱「布邊繡」，尤其是布邊容易脫線的布片，建議用這種縫法固定。通常用在布的邊緣，也有人將此當作繡花圖案，亦能呈現極佳的效果。	❶ 從布的左邊背後起針。  ❷ 從正面距離邊緣約0.3～0.5公分處入針，並讓線壓在針下抽針。 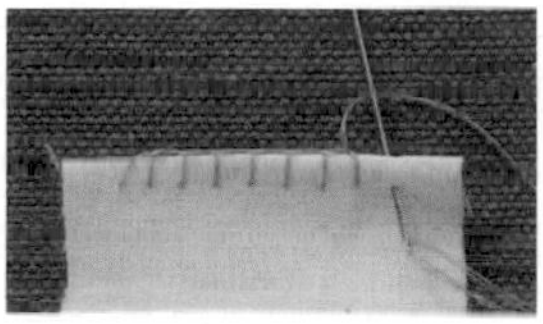 ❸ 從重複 ❶ ～ ❷ 的動作，結尾則如圖所示。  

常用手縫法圖表

Q61 縫娃娃塞入填充物後，收口如何縫得漂亮且牢固？

這時可以使用藏針縫（對針縫）將收口縫好。一般說的藏針縫，顧名思義，就是將線藏起來，在作品正面完全看不到縫線。它的特色，在於必須讓起針處對齊入針處，所以又叫「對針縫」。通常用在做縫紉收尾時，不想被看到線段而使用藏針縫。例如：有些手工包包或布偶的收尾，會使用藏針縫，表面就不會被冒出來的縫線破壞美感了。藏針縫的做法可參照p.86。

利用藏針縫收口，一點都看不出填充口。

完美的藏針縫，成品表面看不出原本做返口的邊緣。

Q62 縫紉時布料常常會跑掉，除了以珠針暫時固定，還有其他方法嗎？

許多人應該有以珠針固定布片的經驗，但珠針容易刺到手，而且當布片面積過大時，別上太多珠針容易造成操作不便。其實除了以珠針固定，利用疏縫線做疏縫，同樣可以達成效果。疏縫的方式同平針縫（可參照p.85），大多用在暫時固定的布片上，避免布片亂跑、錯位。

像一起車縫布片和鋪棉片的邊緣，怕2片布無法對齊或位移，可先以疏縫線疏縫暫時固定住布片，待車縫完成後再拆除疏縫線即可。

疏縫線是珠針以外用來暫時固定布片的好助手！

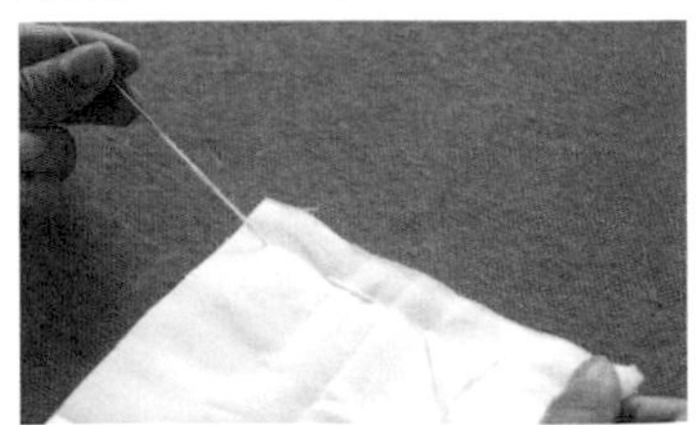

怕布片和鋪棉布位移，可先以疏縫暫時固定2片布。

Q63 縫紉機最常用到的功能有哪些？初學者應先學哪些技法？

縫紉機最常用的功能就是直線車縫，以及防止綻線的回針縫、曲線車縫。以下的直線車縫和曲線車縫技法，是初學者應該要學會的，參照步驟圖練習，熟能生巧，很快就能運用到實際作品的製作囉！

直線車縫

❶ 布片對齊刻度

將布片對齊縫紉機上的刻度，確認縫份寬度（這裡是3/8吋)，車縫過程要注意縫份保持相同的寬度。

❷ 過程中以錐子控制布片車縫

車縫時，左手輕壓布片，右手使用錐子控制布片車縫滑動時的位置，保持布片和刻度間的距離。錐子不僅可調整布片位置，還可以保護手指不被縫針刺到。

❸ 完成囉

控制針距等距離且平穩。

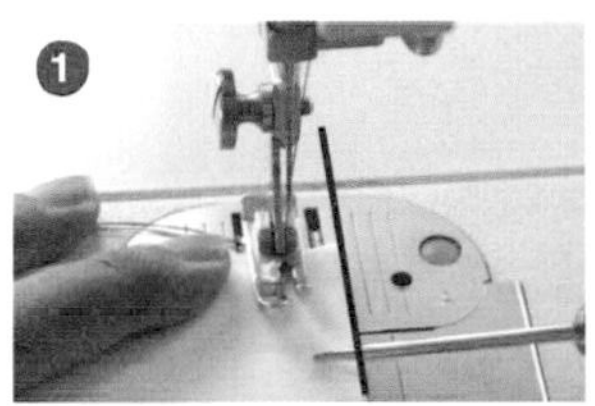

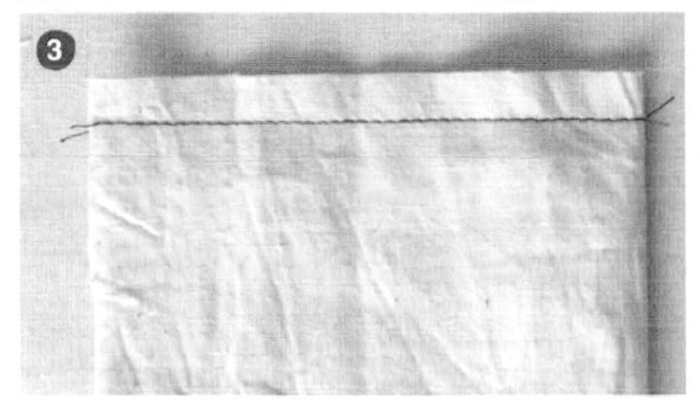

曲線車縫

❶ 圓弧布片對齊刻度

準備一片圓弧布片，和車縫直線一樣，依據縫紉機刻度、縫份寬度將布擺放好。

❷ 過程中以錐子控制布片車縫

車縫時，左手輕壓布，右手使用錐子控制車縫滑動時的位置，保持布片和刻度間的距離。錐子不僅可調整布片位置，還可以保護手指不被縫針刺到。

❸ 完成囉

控制針距等距離且平穩。

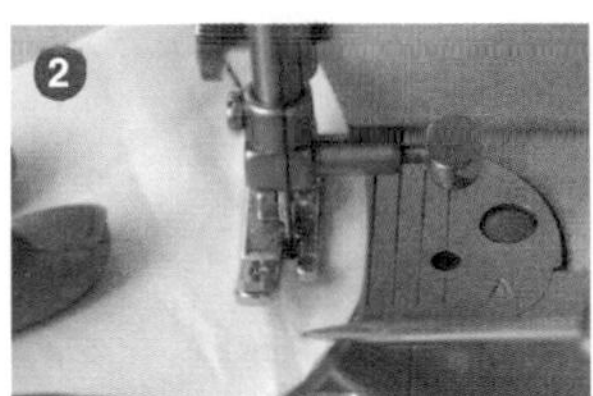

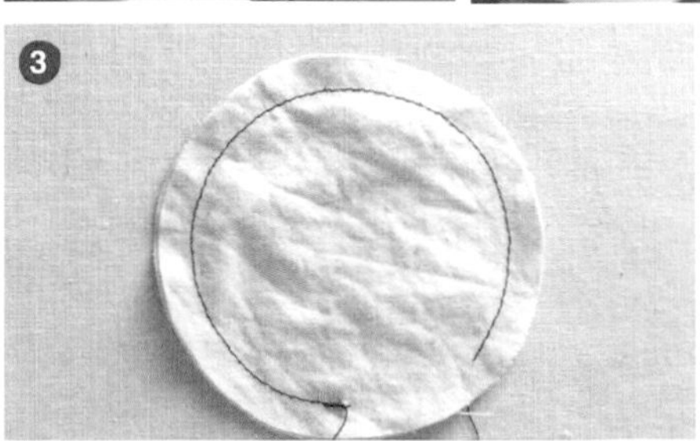

Q64 想要自己做圓筒狀的包包、筆袋，該如何車縫圓筒狀作品？

看到圓筒造型的物品會擔心車不好嗎？不要緊張，先當作是在車縫直線縫，然後將該做的記號點全部都做好且對齊，參照以下「車縫圓筒狀物方法」的步驟，實用的圓筒包包再也難不倒你啦！！

車縫圓筒狀物方法

❶ 布片上的合印記號以牙口方式標記

裁剪好布片，並確認方布片B和圓布片A上的合印記號都有確實做好標記。合印記號解説可參照p.91。

❷ 車縫布邊

先將B 布片短邊車縫起來。

❸ 以珠針固定A、B布片

依據合印牙口記號點，將A 、B 上的合印牙口記號對齊，以珠針暫時固定位置。

❹ 控制縫份的寬度

車縫時，必須注意縫份是否都控制在相同寬度，並在結束點做回針車縫即可。

❺ 調整外型

完成車縫後可使用熨斗整燙，或以手捏邊緣調整好，翻回正面作品外觀更漂亮。

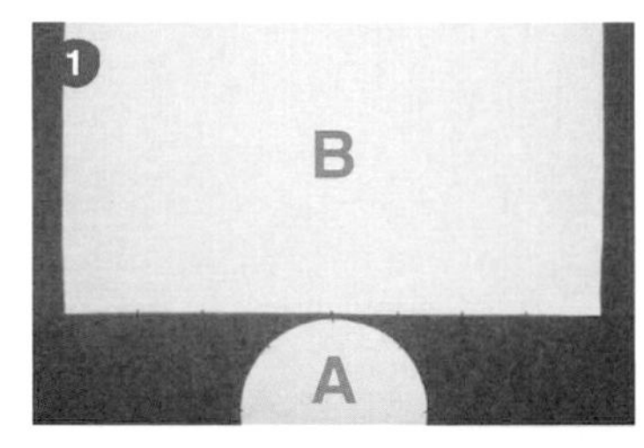

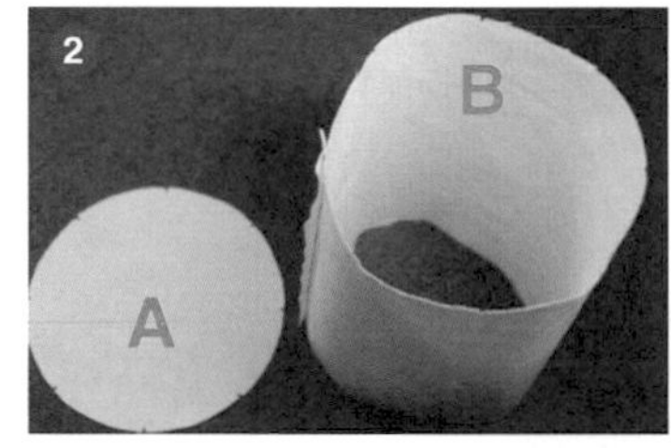

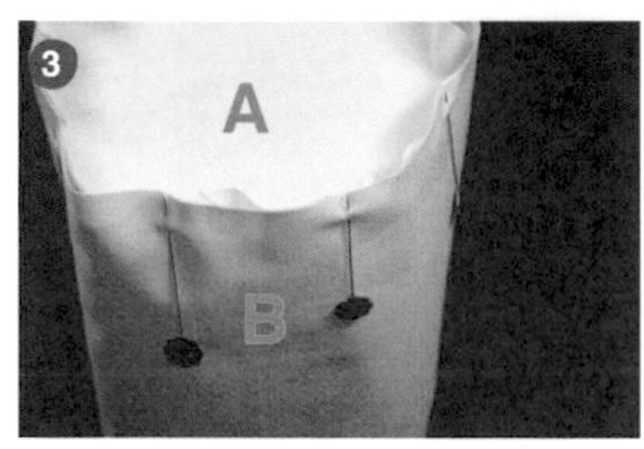

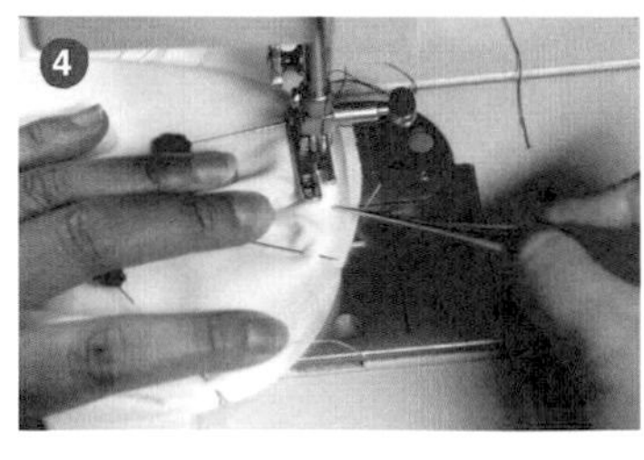

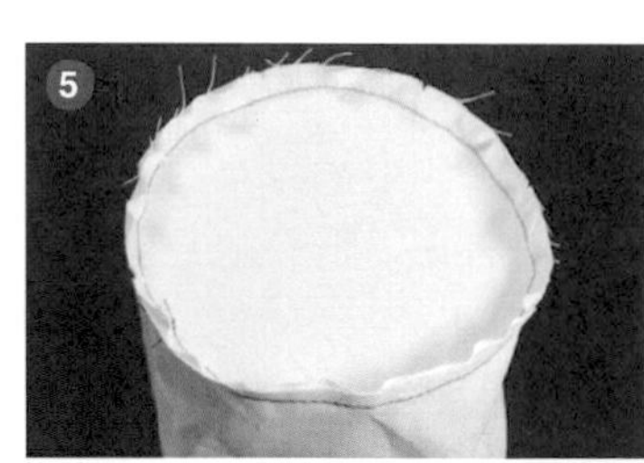

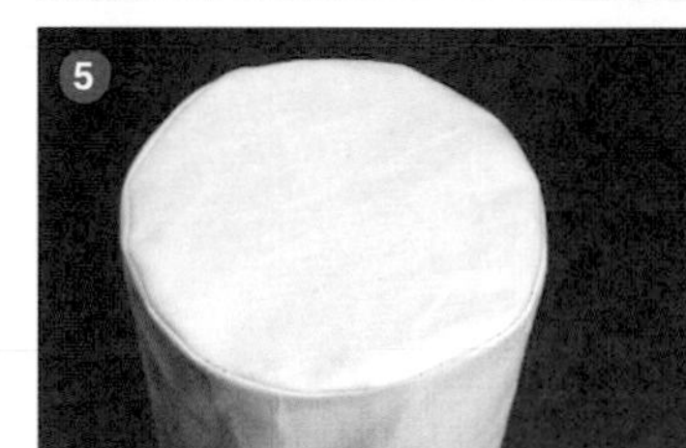

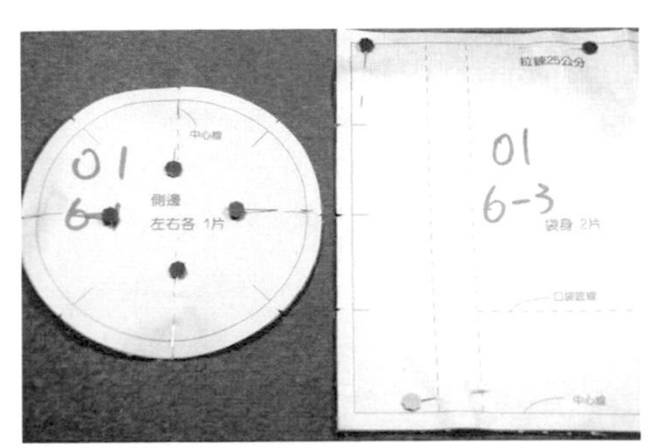

只要2片布上相對的位置都做上合印記號，並在布的邊緣剪好牙口記號，代表合印2片布，車縫動作會更加順利。

同場加映

什麼是合印記號？

所謂標示合印記號，代表這片布的某段記號點區段，需和另一片布的相同記號點區段對齊接縫，兩個區段是對應的車縫物。

Q65 為什麼有些作品的縫針針距既細緻又漂亮？

針距是指車縫時，每一針和針之間的距離。通常縫製分成手縫、車縫2種方法，但這兩種方法，針距要多寬才會既細緻、堅固又漂亮？

從車縫針距來看，以1公分的範圍為例，適當的針距應該是3～4針。若是手縫針距的話，起針和入針約0.3～0.5公分最美觀。

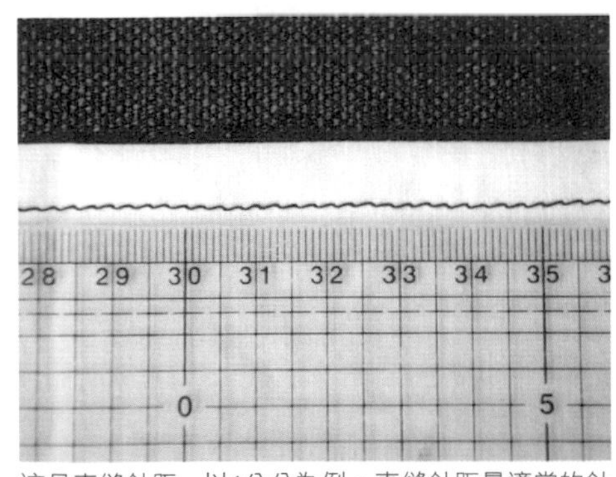

這是車縫針距，以1公分為例，車縫針距最適當的針距是3～4針。

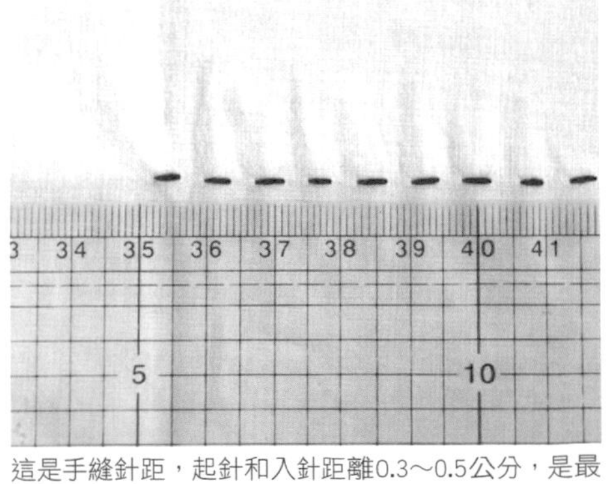

這是手縫針距，起針和入針距離0.3～0.5公分，是最佳的手縫針距。

Q66 哪一種縫針技法縫得最牢固？

為求縫紉作品更堅固、耐用，一定要記得在車縫始點和車縫止點都做回針動作。回針縫又叫倒退針，每台縫紉機都有這個功能，可以防止車線綻開鬆脫的情況，是基本車縫針法，參照下圖步驟試試看吧！

回針的記號

縫紉機上的回針功能鍵

縫紉機回針縫法

❶ 先車2～3針再按「回針」功能

在開始車縫時，先車2～3針，然後按下縫紉機上「回針」功能裝置，回車2～3針，放掉裝置後繼續往下車縫。

❷ 再按下「回針」功能，回車2～3針。

直到車線停止點，再按下「回針」裝置，回車2～3針後停止，小心剪線。

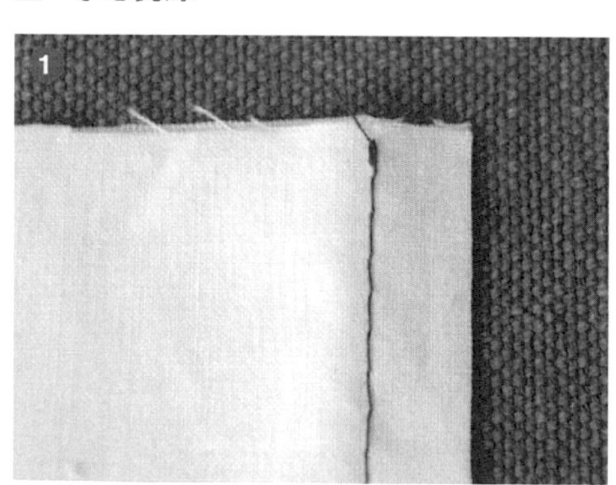

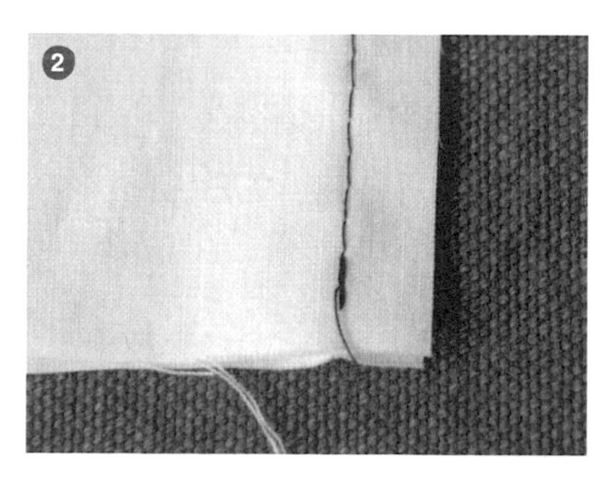

Q67 衣服上的胸褶怎麼做才會平順？

衣服上的胸褶稱為「消失褶」，這是強迫將褶子從原本的寬度車縫到最後消失於一點，使衣服有立體感且保有平順，所以叫消失褶。消失褶多半用在胸線處，以及抓腰身的部分。「消失褶縫法」可參照下圖。

消失褶縫法

❶ 從布邊向內車縫延伸至定點消失

將車縫的布對齊好，從布面外圍（縫份寬邊開始車縫）向內車縫延伸，一直到消失點為止。

❷ 注意消失點的角度

消失點角度必須是銳角，這樣正面熨燙之後才會平順。

❸ 以熨斗熨燙

以熨斗將縫份燙開即可。

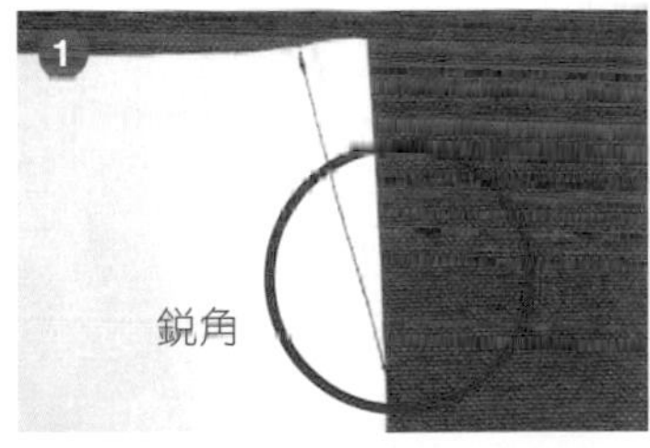

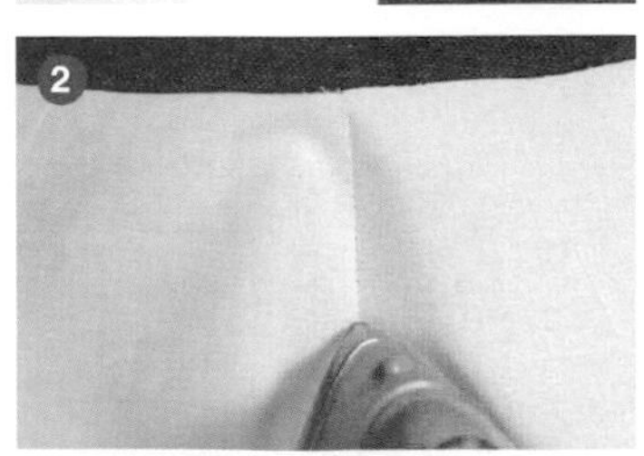

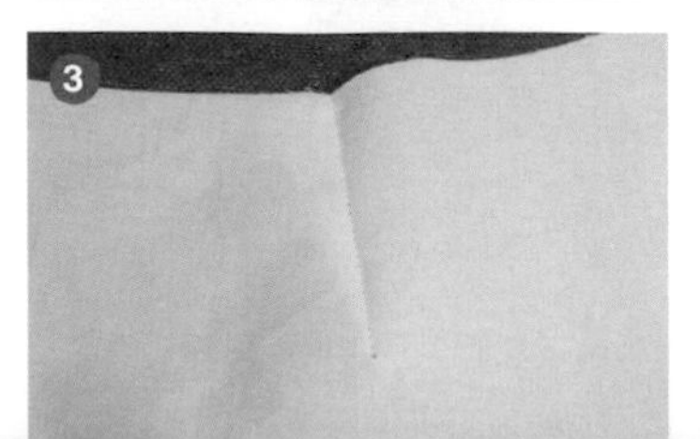

同場加映

需特別注意厚布料消失褶的熨燙方法！

不同厚度布料的消失褶，車縫後熨燙的動作會有所不同，前面是針對薄布料的熨燙方法，但在處理有厚度布料的消失褶時，需以其他方法將縫份燙開。首先，一樣車縫好消失褶，以剪刀剪掉多餘的縫份，一直剪到距離消失點約1吋的份量，接著再以熨斗將縫份左右燙開。以此法完成的消失褶不會因厚度而影響美觀！

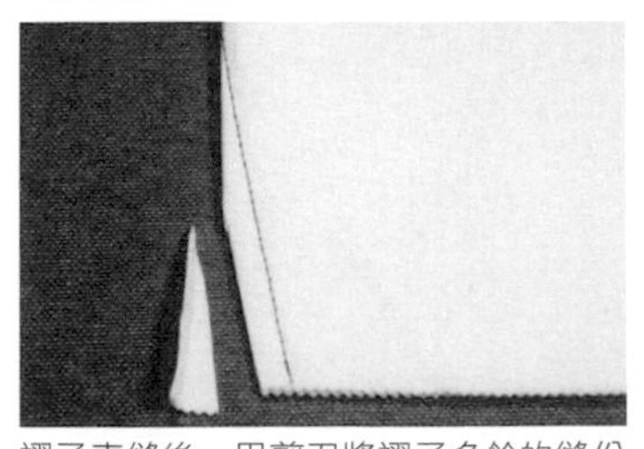

褶子車縫後，用剪刀將褶子多餘的縫份剪掉，剪到距離消失點約1吋的份量。

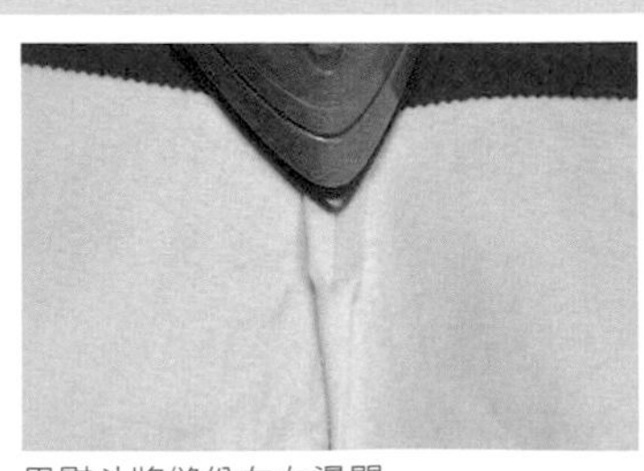

用熨斗將縫份左右燙開

如何能防止布邊緣鬚邊、綻線？

A

要防止布邊綻線或鬚邊，只需要利用縫紉機的七巧縫功能，或者專業的拷克功能，就可以避免這些鬚邊、綻線的問題。
一般縫紉機的拷克功能又叫布邊縫，家庭式手提縫紉機通常會有這樣的功能，它原是縫紉機中特定的基本繡花功能，但許多人也用這個功能來拷克布邊。一般會曝露在外的布邊，或者常和身體摩擦的布邊就需要拷克，可保護布的邊緣，防止布鬚邊造成綻線，甚至破洞。「拷克布邊方法」可參照以下步驟。

拷克、七巧縫記號

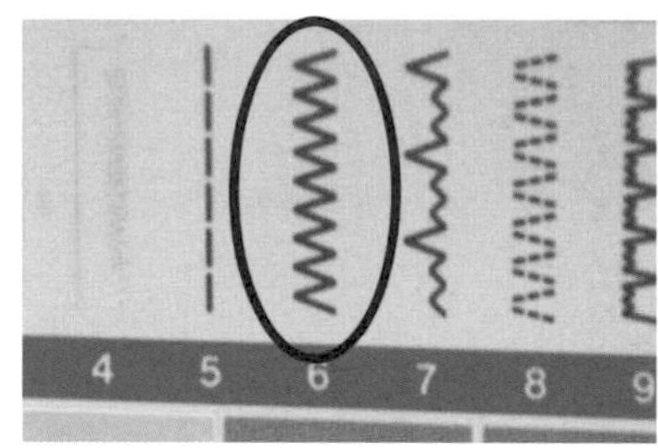

縫紉機上的拷克、七巧縫符號

拷克布邊方法

❶ 更換壓布腳、調整針幅

車縫前，先換上專用的壓布腳，調整針幅，針幅愈大代表車縫出來的三角波浪紋愈大。

❷ 開始車縫

車縫動作和車直線一樣，左手輕壓布，右手使用錐子控制車縫滑動時的位置，要小心控制布片不要歪掉。

❸ 完成囉！

可有效防止綻線和鬚邊。

因布邊縫的針幅是左右來回穿刺，一般使用的壓布腳針幅太小，所以使用布邊縫功能時，記得更換專用壓布腳，以免造成斷針危險。

Q69 沒有縫紉機要怎麼拷克?

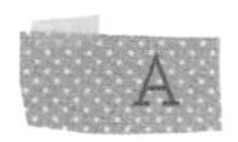

沒有縫紉機無法拷克,就必須自行手縫布邊縫(參照p.87釦眼縫),若是製作手提包類,可以製作內裡來遮蓋,防止使用過程時常摩擦導致布料鬚邊。

手縫釦眼縫,也有拷克的效果!

有些家庭代工或縫紉工具店有代客拷克布邊的服務,只要付一些費用,師傅們就會幫你把布邊拷克好,很方便喔!不妨試試看。

POINT

Q70 壓布腳為什麼分這麼多種?如何選用才適當?

壓布腳雖看起來很小,但卻是萬萬不可缺的工具,有助於布片在車縫過程中能穩定往前推,讓車針上下動作的同時,將布壓穩,讓縫線能車得筆直。壓布腳依據功能用途不同分成許多種類,使用時,只要謹記以下(P.96)「常用壓布腳功能對照表」,並且參考自己的縫紉機廠商所提供的操作說明書,就可以輕鬆上手,不怕用錯壓布腳。

名稱	功能	圖示
一般壓布腳、萬用功能壓布腳	車縫直線、曲線	
均勻壓布腳	車縫彈性布，或者塑膠皮類	
隱形拉鍊壓布腳	專門車縫隱形拉鍊	
一般拉鍊壓布腳	車縫一般拉鍊、拼布拉鏈	
釦眼縫壓布腳	開釦眼	

常用壓布腳和功能對照表

PART 5

初學者必會的縫紉機本功

同場加映

Q71 如何車縫裙子拉鍊？

裙子側邊、褲子側邊的拉鍊都有類似的車縫方式，熟練縫拉鍊的技巧，將來不論短裙、長褲，只要開側邊拉鍊的都難不倒你。參照以下的「拉鍊車縫法」步驟，這是最常見的拉鍊，第一次嘗試的讀者們多多加油吧！

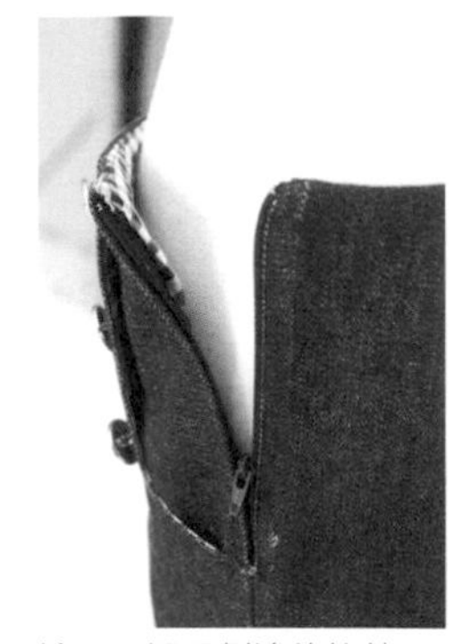

褲子、裙子側邊的拉鍊

拉鍊車縫法

❶ 車縫到車止點，拉鍊位置不車縫。

換上普通壓布腳、一般拉鍊專用壓布腳。將裙子或褲子需車縫拉鍊的那一邊車縫到車止點，留下拉鍊位置不車縫，並將縫份左右燙開摺好。

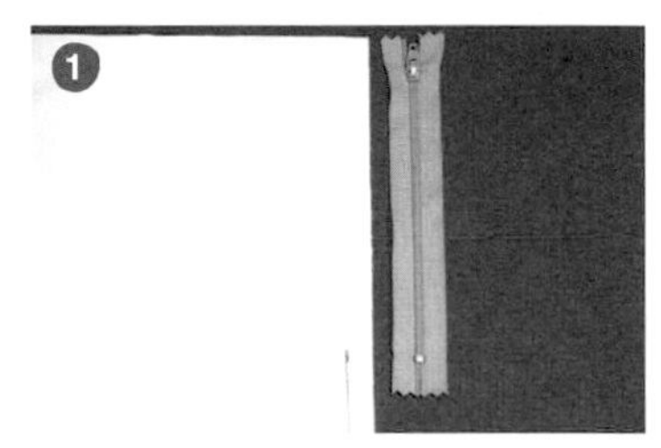

❷ 開始縫拉鍊

拉鍊正面朝上放。將布片縫份摺起，壓在拉鍊右邊，由上往下車縫。

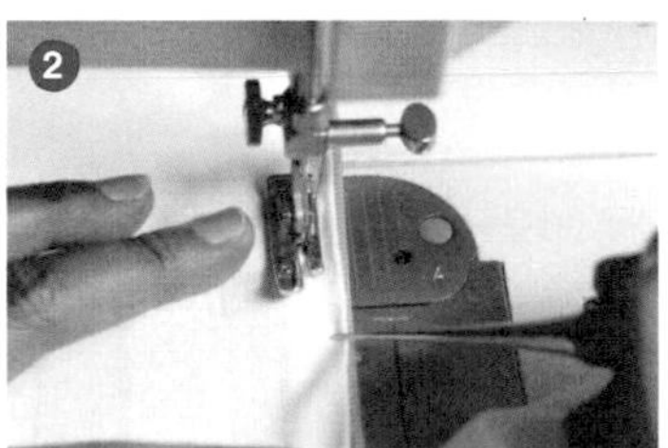

❸ 回針車縫增加強度

車到拉鍊末端，以直角方式轉彎（90度）後，回針車縫增加強度。回針方法可參照p.92。

❹ 固定拉鍊左邊

做法 ❸ 轉彎（90度）繼續車縫，固定拉鍊左邊即可。

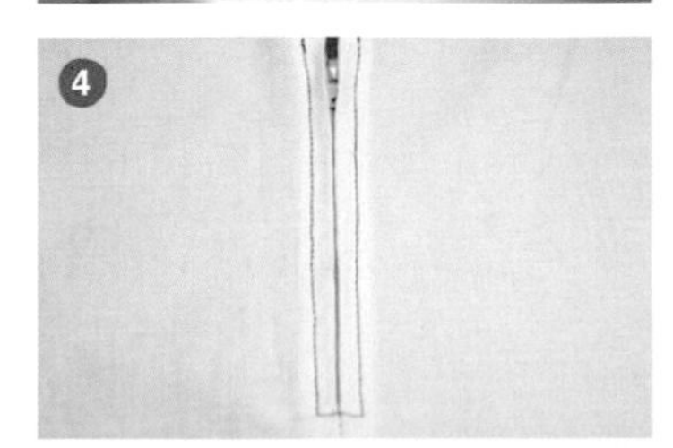

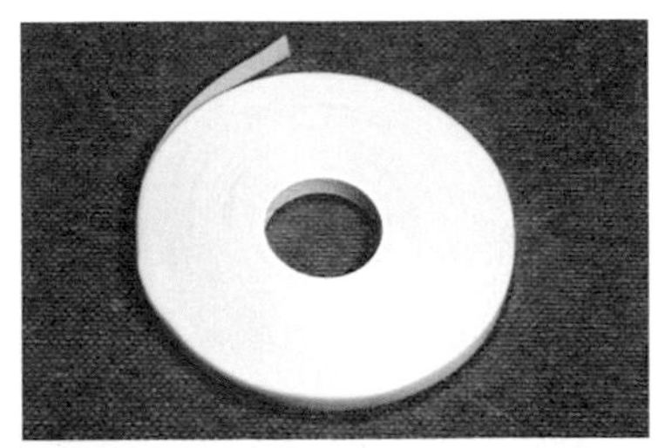

定位膠帶又叫布用雙面膠，雙面都有黏性。

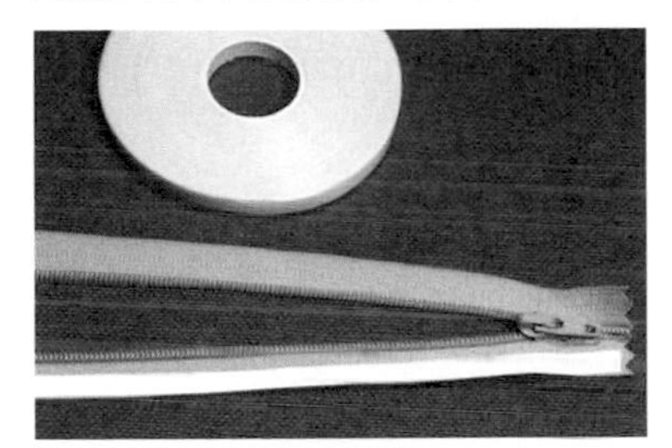

拉鍊兩邊都貼上定位膠帶。

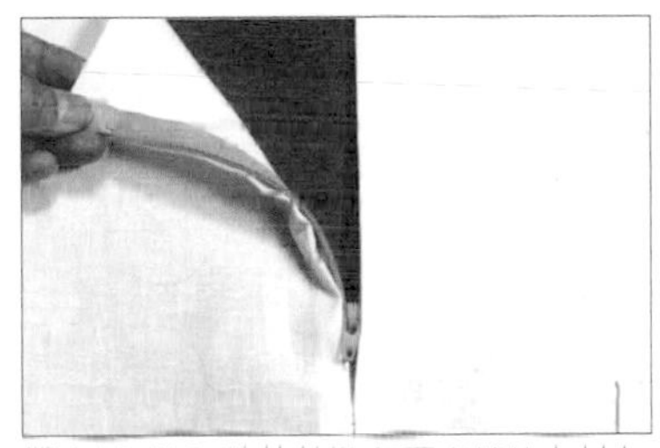

撕去離形紙，將拉鍊貼在要車縫的布料上。

同場加映

定位膠帶超好用！！

初學者在車縫拉鍊時，多會以珠針暫時固定布片，但若覺得珠針總是刺到手、拉鍊總是愛亂跑，不妨改用定位膠帶來輔助。只要將拉鍊事先用定位膠帶黏在布上，車縫過程中就不需要珠針，就能將拉鍊固定好。定位膠帶又叫布用雙面膠，雙面都有黏性，是可以被水洗去的布用膠帶，不必擔心作品完成後有膠質留在布上。

首先，在拉鍊的兩邊都黏貼上定位膠帶，然後，和一般事務用雙面膠相同用法，撕去離形紙後將拉鍊貼在要車縫的布料上，即可車縫。

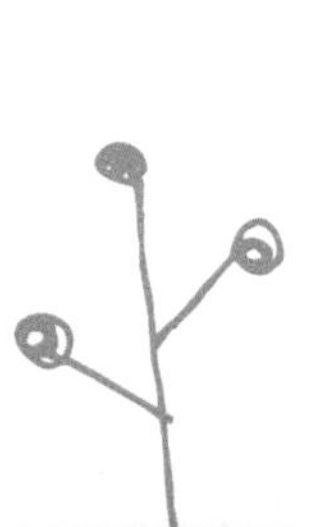

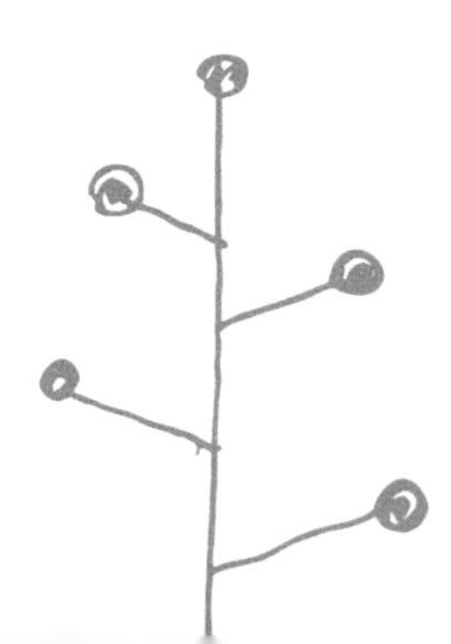

Q72 如何車縫隱藏式拉鍊？

隱形拉鍊的固定方式，不若一般人想像的難，但如果沒有專用壓布腳，就真的沒辦法完成。所以，要車縫隱形拉鍊之前，務必準備好隱形拉鍊壓布腳。換上壓布腳，參照以下的「隱形拉鍊車縫法」，立刻試試看。

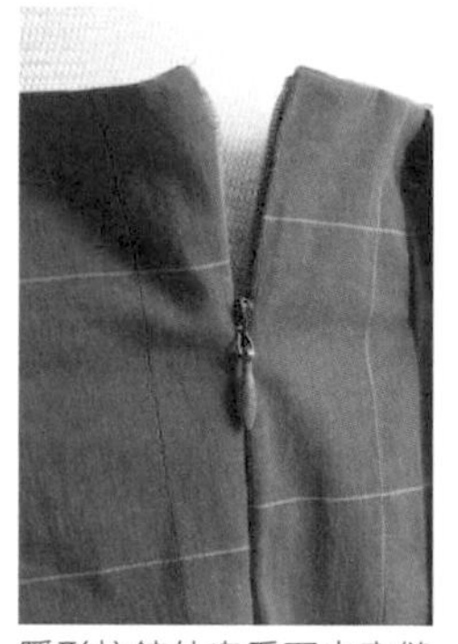

隱形拉鍊外表看不出車縫痕跡，服飾更美觀。

隱形拉鍊車縫法

❶ 車縫到車止點，拉鍊位置不車縫。

換上隱形拉鍊壓布腳。首先將裙子或褲子需車縫拉鍊的那一邊車縫到車止點，留下拉鍊位置不車縫，但是注意，若完成後的拉鍊長度預計是6吋，準備的隱形拉鍊必須多1～2吋。所以，這裡使用的是約8吋的隱形拉鍊，並將縫份左右燙開摺好。

❷ 開始縫拉鍊

將拉鍊右邊正面對齊布的正面車縫，車縫過程中，壓布腳有凹槽捲曲的拉鍊，會隨著凹槽自動攤開。

❸ 車縫左邊

繼續由上往下車縫左邊的拉鍊。

❹ 拉出拉鍊頭

車縫完後拉鍊頭會藏在縫份中，施力將它由縫份中拉出。

❺ 完成

將拉鍊整條拉好。

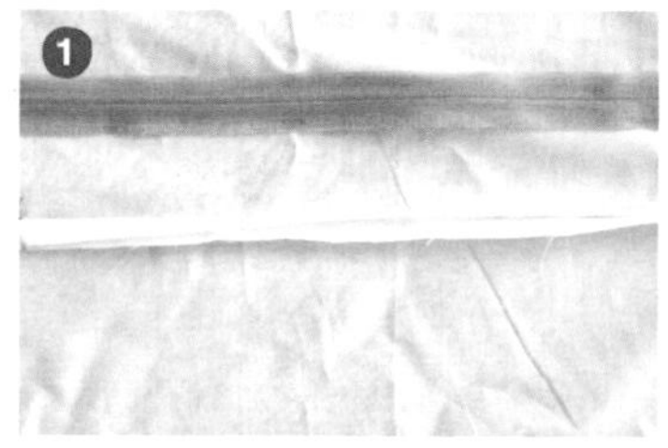

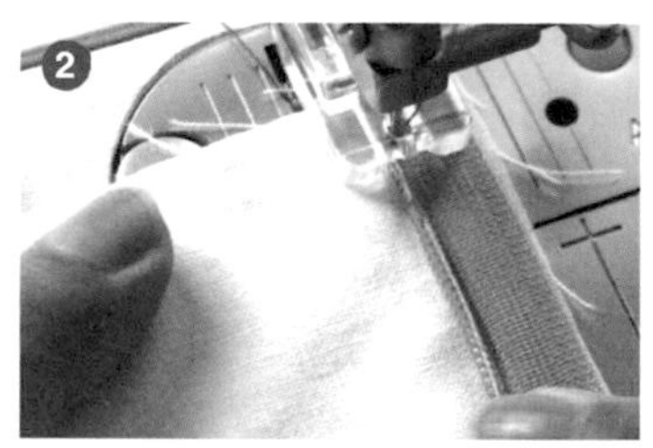

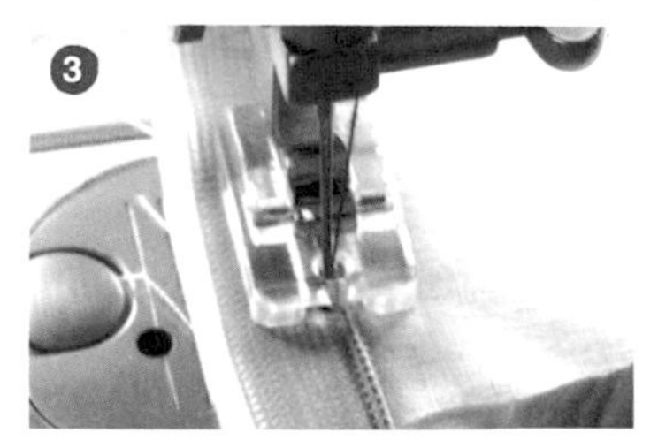

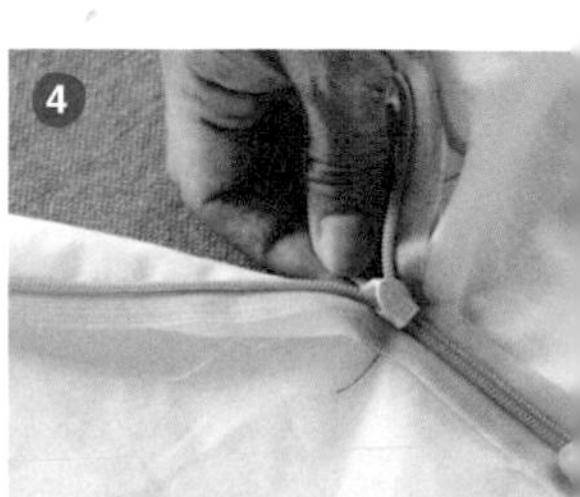

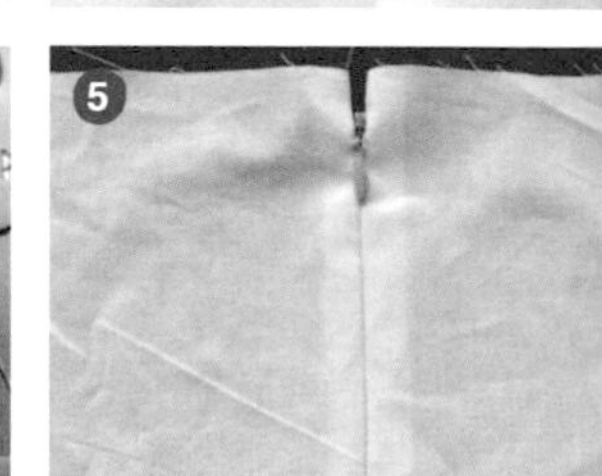

Q73 包包的拉鍊跟裙子的拉鍊好像不太一樣，如何車縫才會漂亮又好開合？

縫紉機上的回針功能鍵

由於衣服拉鍊是平面的，而收納包、筆袋等包包類的拉鍊是對摺形式，即使拉鍊可以共用，但車縫方式略有不同。想要完成既美觀又要好開合的包包拉鍊，車縫的順序很重要。下圖的「包袋類拉鍊車縫法」是以筆袋為例，讀者們可參照步驟圖試試拉鏈和內裡兼具的車縫方式。

包袋類拉鍊車縫法

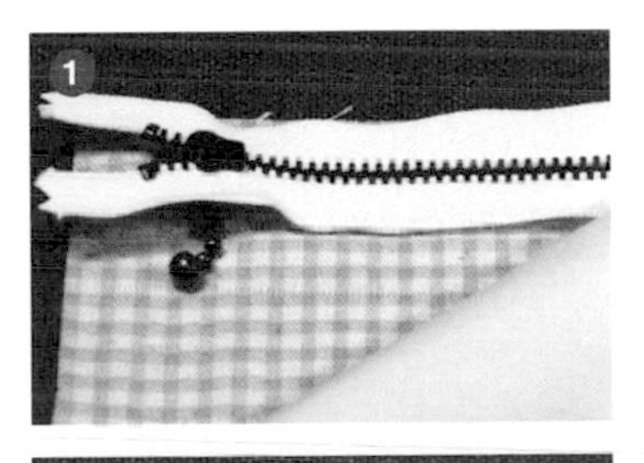

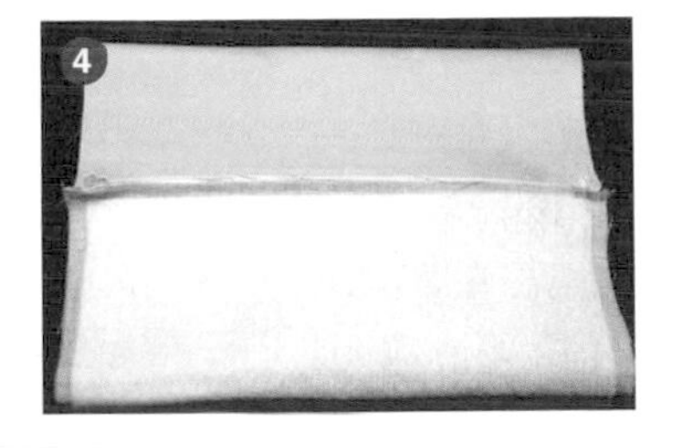

❶ 排放好拉鍊的位置

換上普通壓布腳或一般拉鍊專用壓布腳。將拉鍊的背面朝自己，拉鍊頭位置在左手邊，放置在布的正面，記得對齊布片上邊，裡片的正面朝拉鍊和外片正面一起對齊。

❷ 開始車拉鍊

將拉鍊兩端多出來的布頭，如圖所示向上摺疊後，從反面車縫，短邊在右，面積大的布邊在左，這樣完成後拉鍊比較好拉。

❸ 完成單邊拉鍊

車縫好一邊的拉鍊攤開後如右圖

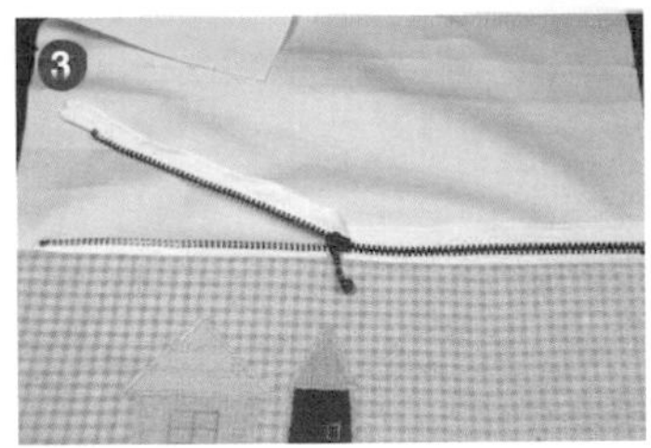

❹ 完成

另一邊拉鍊和布片也以同樣方式車縫固定，並在內裡的一角留返口，翻到正面調整好形狀即可。

車縫裡外袋身的兩邊，留返口翻正，以藏針縫合返口即成。

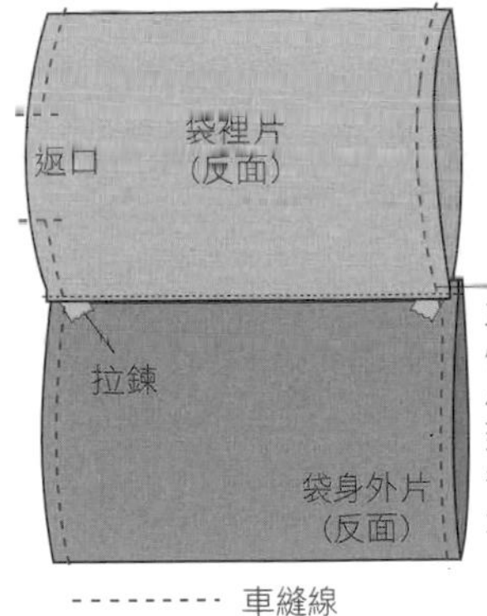

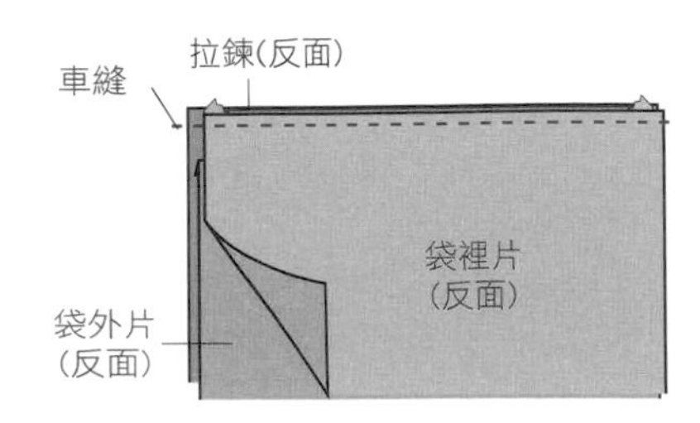

Q74 如何車縫鬆緊帶？

A

鬆緊帶的車縫方式其實很簡單，善用這樣的技巧，日後要修改鬆弛的褲子也沒問題唷！常用的固定方式有2種——穿入式鬆緊帶、固定式鬆緊帶。穿入式鬆緊帶車縫方式只有包住鬆緊帶，沒有車縫固定鬆緊帶，所以鬆緊帶仍保有活動的空間，之後若穿久欲更換新的鬆緊帶時較容易拆卸。

固定式鬆緊帶比穿入式多了一道車縫線，可將裡面的鬆緊帶牢牢固定，通常用在運動褲的褲頭，避免鬆緊帶容易位移。此外，較粗寬的鬆緊帶也多以這種方式固定，可依照外觀和形式來選擇車縫方式吧！2種車縫方式可參照下圖。

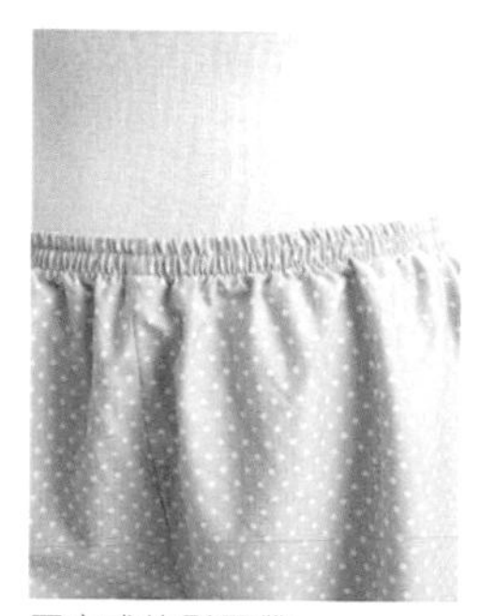

固定式的鬆緊帶

穿入式的鬆緊帶

穿入式鬆緊帶車縫法

❶ 固定頭尾

鬆緊帶頭尾車縫固定，使成環狀。

❷ 放入鬆緊帶

腰處的布邊摺三褶，包夾在鬆緊帶上。

❸ 避免縫到鬆緊帶

車縫過程中，記得拉緊布邊，避免車縫到裡面的鬆緊帶。

❹ 整圈車縫

車縫一圈，結尾時再以回針車縫即可。

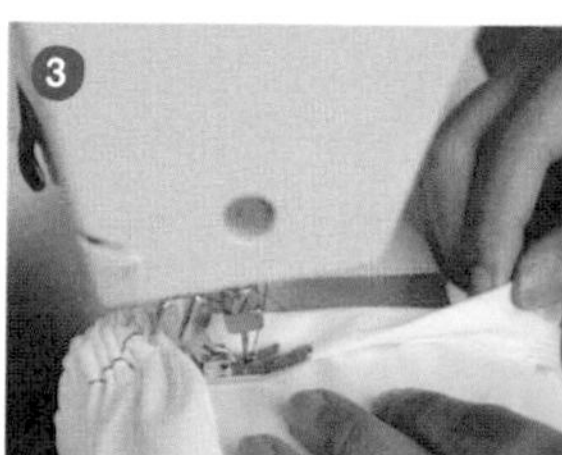

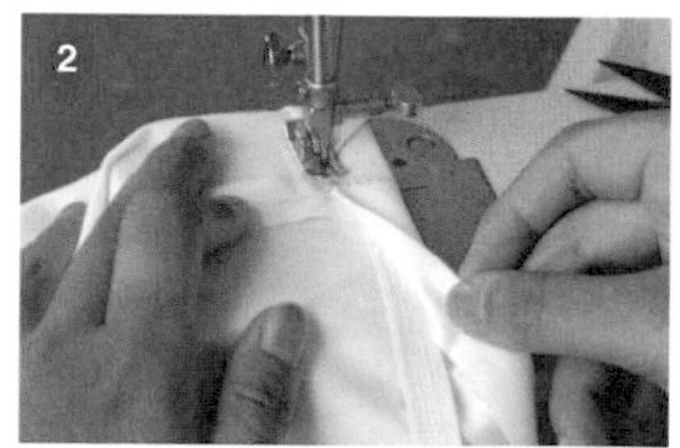

固定式鬆緊帶車縫法

❶ 固定頭尾

將鬆緊帶頭尾車縫固定，使成環狀。

❷ 放入鬆緊帶

腰處的布邊摺三褶，包夾在鬆緊帶上。

❸ 避免縫到鬆緊帶

車縫過程中，記得拉緊布邊，避免車縫到裡面的鬆緊帶。

❹ 整圈車縫

車縫一圈，結尾時再以回針車縫即可。

❺ 車縫第二圈固定

第一圈車縫完成後，在中間距離處車縫第二圈固定，結尾時再以回針車縫即可。

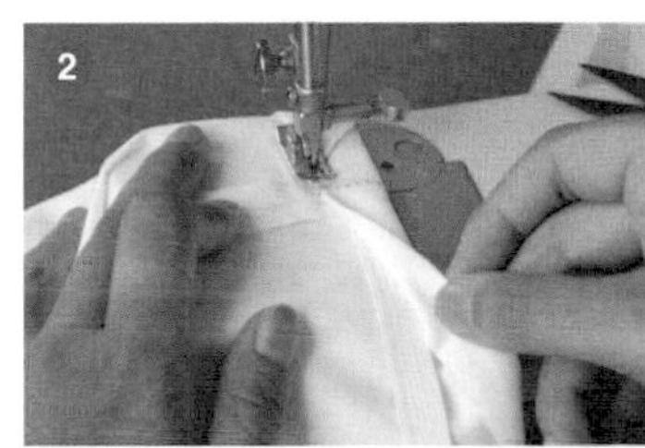

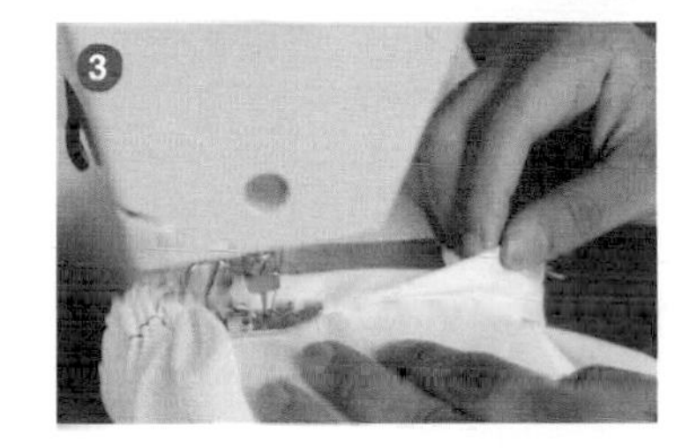

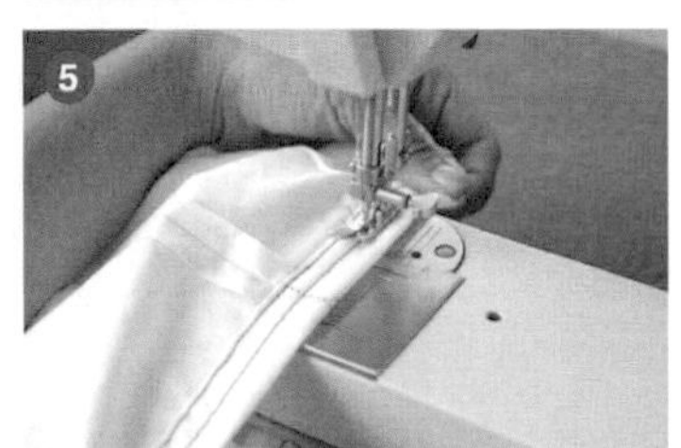

Q75 什麼情況下作品需要包（滾）邊？

一般來說，需要包邊的情況有2種，一種情況是「裝飾」，需要以不同布紋或顏色裝飾，讓作品更能顯出特色，例如：包包邊緣的配色裝飾、杯墊的邊緣裝飾。另一狀況則多用在「衣著」上，像弧形邊緣，或者領口、袖口有特殊設計時的布邊修飾。

布書衣的封面滾上不同花紋的布條，獨特的設計更顯活潑！

背心的袖口和領口都滾了布條

Q76 衣領或圓筒包的邊緣有包邊更精美，如何製作邊條？

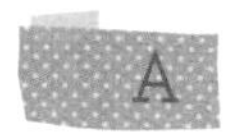

在作品邊緣包了一條布邊的效果，一般稱為滾邊、包邊。是為了配色上的搭配，或者修飾邊緣。作品多了包邊，更能呈現出不同的美感。包（滾）邊的方法可參照以下「包（滾）邊的方法」。

面紙包開口和外圍加上包邊更特別！

包（滾）邊的方法

❶ 使用滾邊器來協助包邊動作

參照p.26的Q12，將布片以45度角方式修剪成寬度適當的布條，再以滾邊器製成布條。

❷ 燙布條

以熨斗將布條燙好並且對摺。

❸ 以珠針暫時固定布條

將滾邊的布條包夾在欲包邊的布料的邊緣，以珠針暫時固定。

❹ 開始車縫

在距離布邊0.1～0.2公分寬處車縫，車縫過程中，要注意背面是否有對齊、車縫到，結尾點再以回針車縫即可。

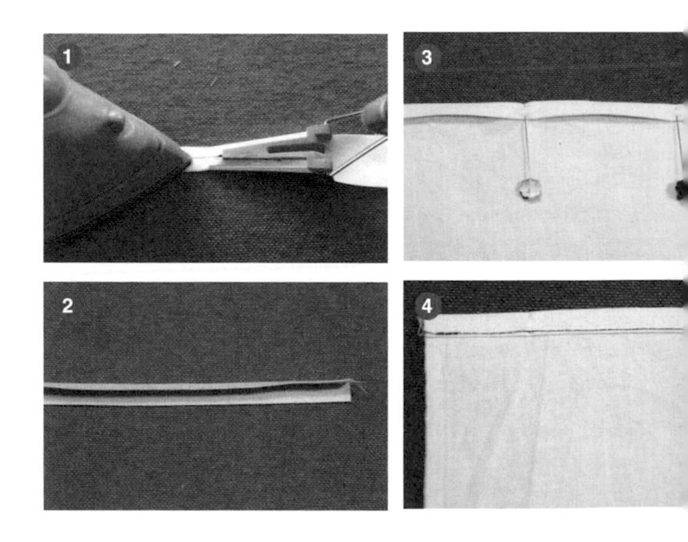

Q77 如何遮蓋布料的鬚邊？

像衣服、褲子和裙子的下襬，或者手帕、窗簾的邊緣，有時會出現鬚邊，除了使用拷克功能，還可用以下的「三摺縫法」有效遮蓋鬚邊，也可防止綻線。

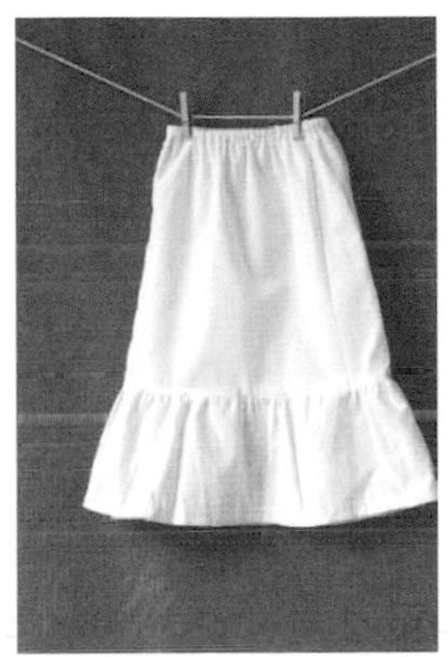

衣服下襬可以用三摺縫法遮蓋鬚邊

手帕的邊緣使用三摺縫車縫布邊，相較於拷克布邊，更具精緻度。

三摺縫法

❶ 第一次摺

將布邊等寬先摺起。

❷ 第一次摺

再繼續摺第二次。

❸ 開始車縫

車縫直線即可。

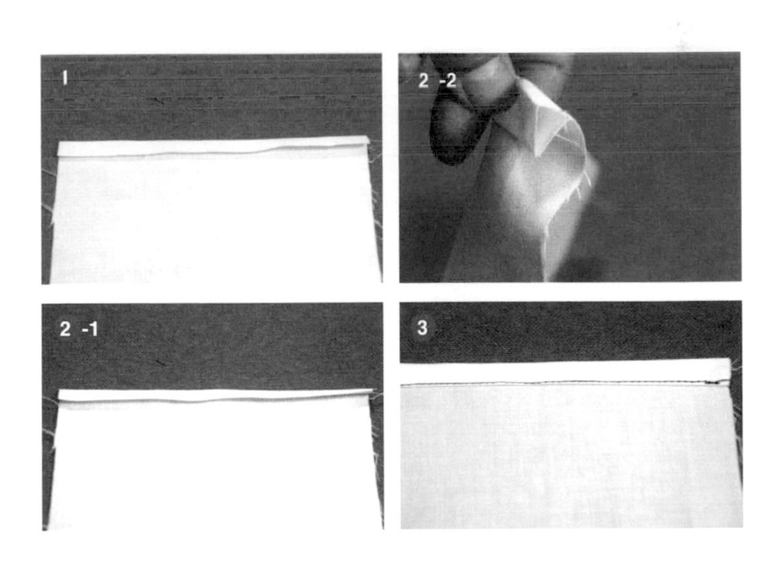

Q78 遇到L型轉角的三褶縫，該怎麼做？

「三褶縫」，是收布邊最簡單、最常見的車縫方式，但如果遇到直角邊緣，要怎麼摺才能車得漂亮、工整呢？參照下圖，教你快速完成直角三褶縫。

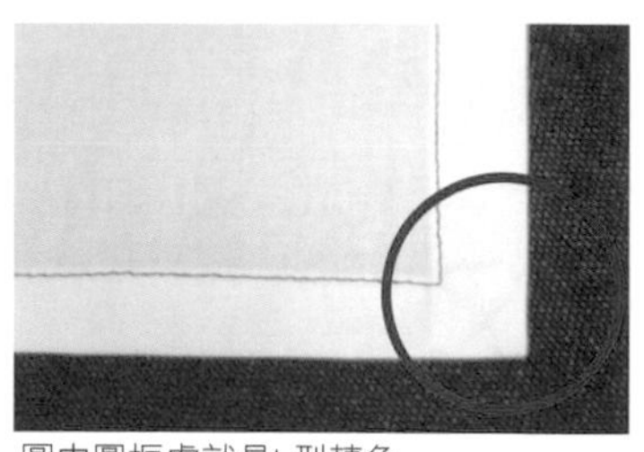

圖中圓框處就是L型轉角

直角三褶縫法

❶ 熨燙成三褶樣式

利用熨斗或骨筆，將布的邊緣都先摺成三褶，再熨燙成三褶樣式。

❷ 熨燙後攤開

熨燙後攤開的摺線，可參照如圖。

❸ 車縫一段45度直線

將布對角摺好，並在圖中摺線的直角位置上車縫一段45度直線，記得短縫份要攤開不能車到。

❹ 裁剪多餘的布料

剪去多餘的布料，僅留下約3/8吋的份量。

❺ 整燙布邊

依照摺線，如圖將布邊整燙摺好。

❻ 使用錐子整布

將短邊布翻往布的另一面（正面），可利用錐子調整直角頂點。

❼ 車縫直線

在距離內褶布邊的邊緣0.1～0.2公分之間，車縫直線即可。

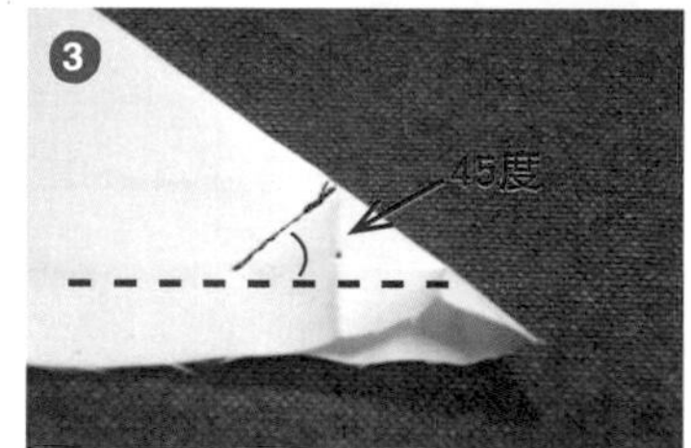

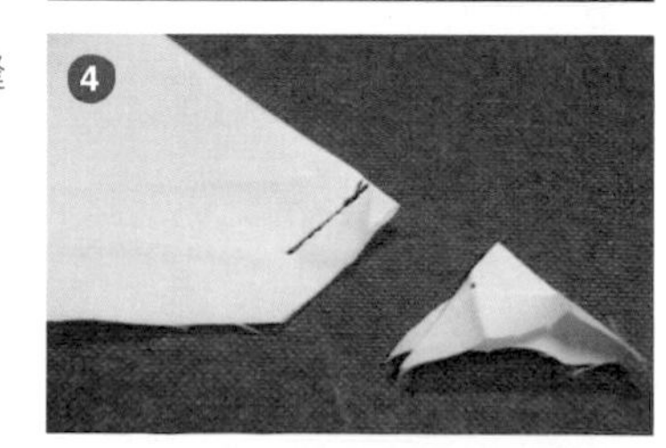

Q79 如何決定三褶縫的寬度？

若只是需要藏起布邊，那三褶的縫份小一點（三褶縫的寬度不需太寬）就可以了，車縫後尺寸為0.3～0.5公分。若是帶有些許垂度（重量）設計的衣服的下襬、裙襬，車縫後尺寸為3/4～1吋。而窗簾因有布料垂度的考量，甚至可以大（寬）到約10公分。

裙子的下襬是有垂度的設計

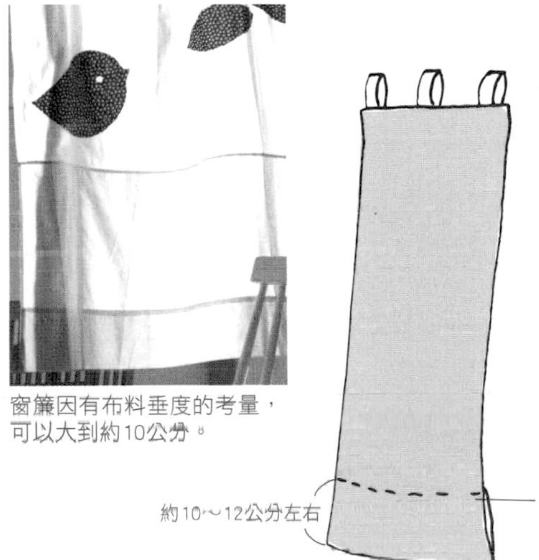

窗簾因有布料垂度的考量，可以大到約10公分。

因為窗簾、門簾需要垂度(重量)，建議三褶縫的寬度可以寬一些，這樣才不會輕飄飄的。

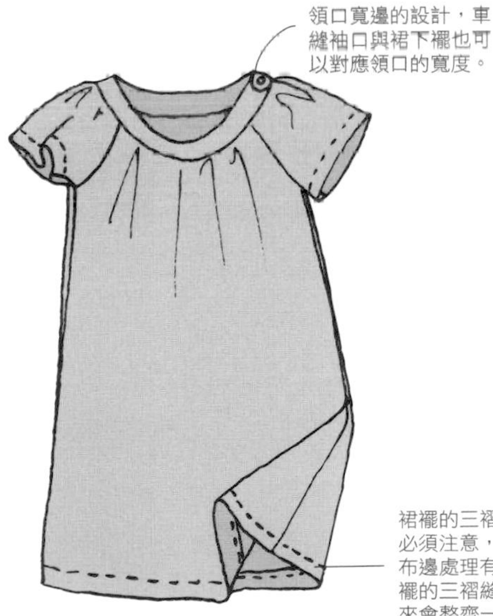

領口寬邊的設計，車縫袖口與裙下襬也可以對應領口的寬度。

裙襬的三褶縫可以稍寬一點，但必須注意，如果作品其他部位的布邊處理有一定的寬度，建議下襬的三褶縫寬度也要對應，看起來會整齊一點。

要增添飄逸感時，三褶縫的寬度就不需太寬。

Q80 貼布繡可以讓布作品圖案更豐富生動，什麼是貼布繡？ 用手縫和縫紉機貼布繡有差別嗎？

貼布繡，就是在布作品表面，貼上另一塊經裁剪、有裝飾效果的布片，讓布作品更生動。手縫貼布繡可利用布邊繡的方式來固定布片，成品很有手感，但相當耗時；縫紉機貼布繡可省下製作的時間，但成品比較工整，缺少了點手作感。以下是「手縫貼布繡方法」和「縫紉機貼布繡方法」的教學，讀者們可依個人需求和喜好選擇製作方式。

手縫貼布繡方法

❶ 在奇異襯背面畫好圖案

若想在布作品上繡一個粉紅愛心的貼布繡，可先將圖案繪製在奇異襯背面，燙貼在粉紅小布片（要縫在作品表面）的背面。

❷ 剪下圖案

熨燙完成以剪刀裁剪好愛心圖案，撕去背紙。

❸ 排好位置再熨燙一次

將愛心小布片排放在預計要做貼布繡的位置上，以熨斗再燙一次，讓圖案牢貼在布片上。

❹ 手縫布邊繡

沿著圖案邊緣，參照p.87，以手縫布邊繡即可。

奇異襯的正面，有塗佈遇熱會產生黏性的藥膜，所以，如果要畫上圖案或記號點，多半畫在沒有藥膜的那一面，稱為背面。貼布繡的布，都是背部朝向奇異襯的正面，使用熨斗加熱將兩者貼合。

POINT

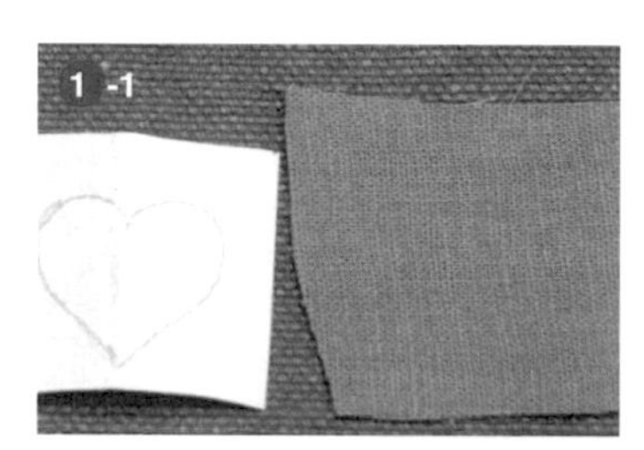

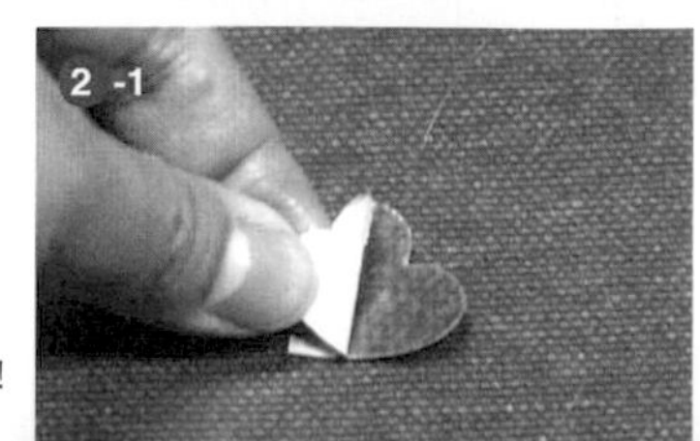

下一頁還有未完的步驟圖喔！

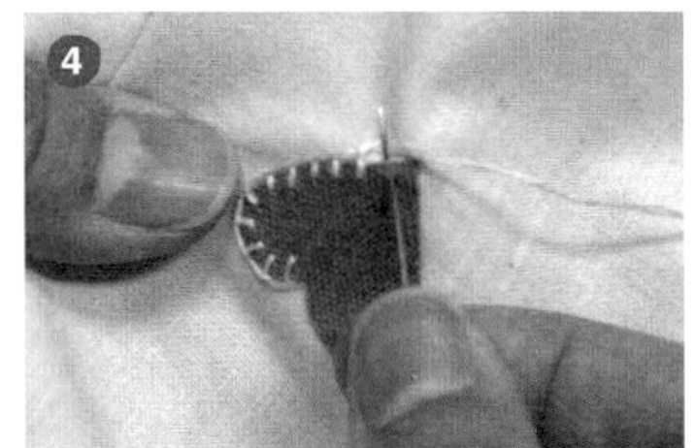

縫紉機貼布繡方法

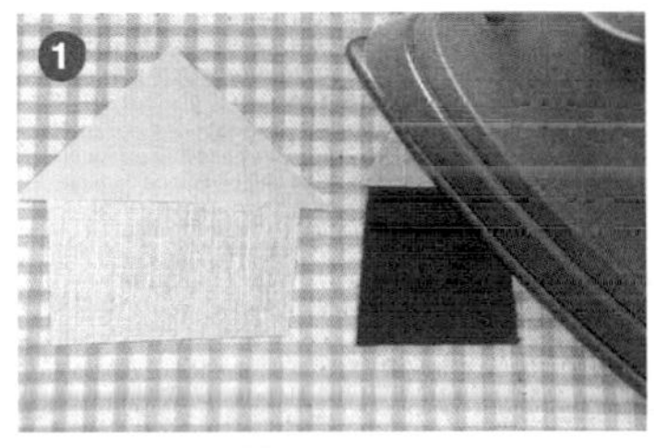

❶ 同手縫貼布繡方法的 ❶ ～ ❸

縫紉機貼布繡的前置步驟，同手縫貼布繡方法的 ❶ ～ ❸ 步驟，兩種方法都需搭配奇異襯。

❷ 利用布邊繡專用或拷克功能車縫

將縫紉機調到布邊繡專用，或者是拷克的功能（依縫紉機機型有不同調法，可對照縫紉機功能説明書），在布片邊緣車縫一圈即成（如圖中虛線部位）。

❸ 完成

可在小屋子上加繡窗戶或繡花，更顯趣味、生動。

Q81 如何製作包釦？

圓滾滾的可愛包釦除了有釦子的功能，也能用來做裝飾。布作品上加了包釦的點綴，更有畫龍點睛的效果。包釦的做法可參照以下步驟圖。

布作品上縫好自製包釦，更添個人風格。

包釦做法

❶ 計算用布量

若A為包釦的直徑，參照下圖，用布量為A乘以2，即包釦直徑乘以2。

❷ 裁剪布料

將裁剪好的布料修成圓形。

❸ 邊緣縫一圈

以針線在邊緣0.3公分處平針縫一圈，線不要剪斷。（平針縫參照p.85）

❹ 放入包釦後縮縫

將包釦放入布片裡，拉緊線，縮縫布片。

❺ 卡入釦擋片

將釦擋片卡入即可。

計算包釦所需用布量：

包釦直徑尺寸乘以2即是包釦的正確用布量。

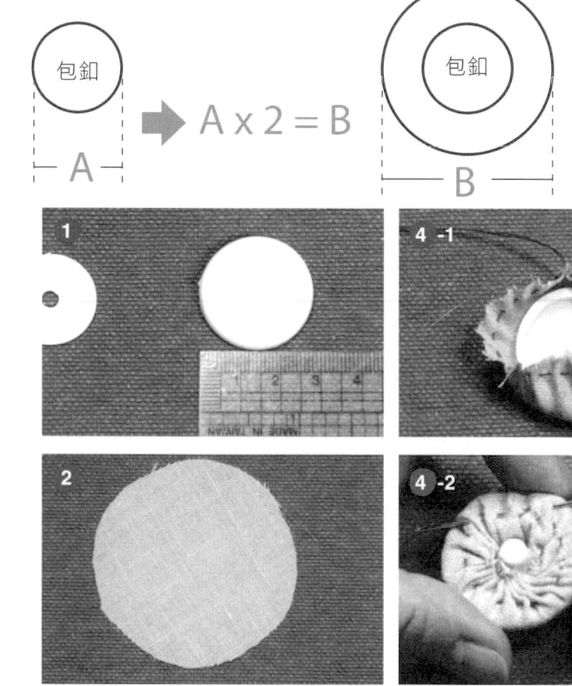

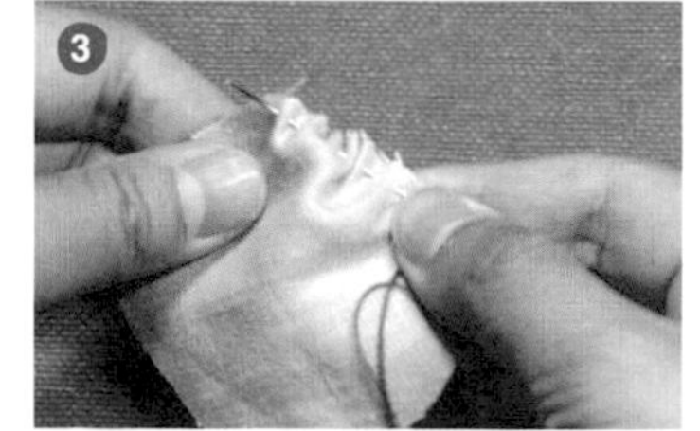

Q82 如果沒有包釦座，還有其他方法製作類似的包釦嗎？

只有普通的釦子，也能加工成可愛的仿包釦。

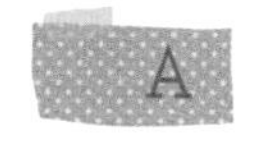

若臨時買不到包釦座怎麼辦？沒關係，這裡教你一個方法，不需包釦座，僅利用一般現成普通釦子，就能製作另一種包釦。

仿包釦做法

❶ 計算用布量

參照p.110的做法 ❶ ，算出用布量。

❷ 邊緣縫一圈

以針線在邊緣0.3公分處平針縫一圈，線不要剪斷。（平針縫參照p.85）

❸ 放入夾棉和釦子

縫好後，依序放入夾棉和釦子，順序別弄錯。

❹ 縮縫布片

將剛才的線拉緊，縮縫布片。

❺ 加縫一片不織布

可以另外剪一片比包釦略小的圓型不織布，以平針縫蓋住縮口處，再固定即可。

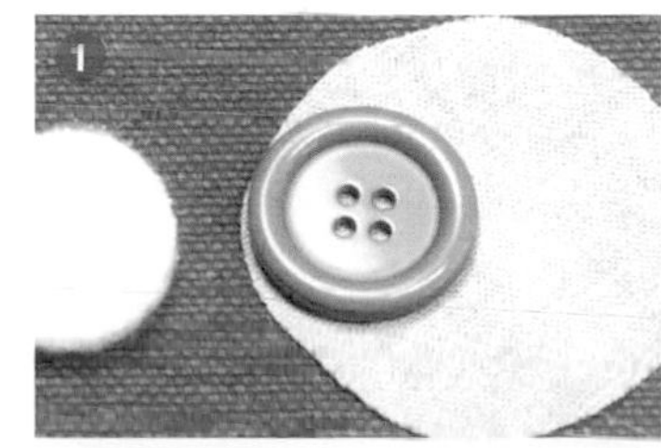

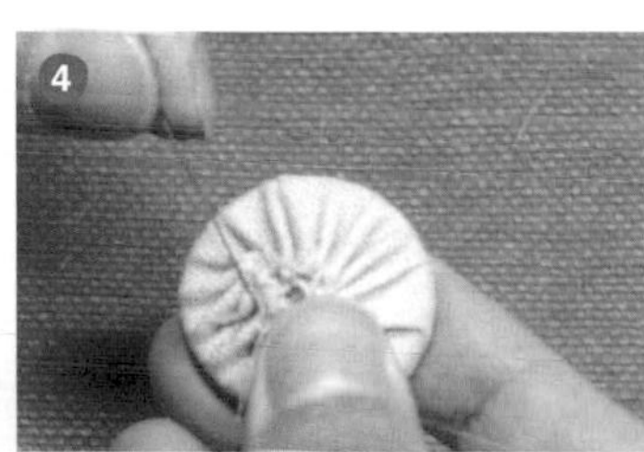

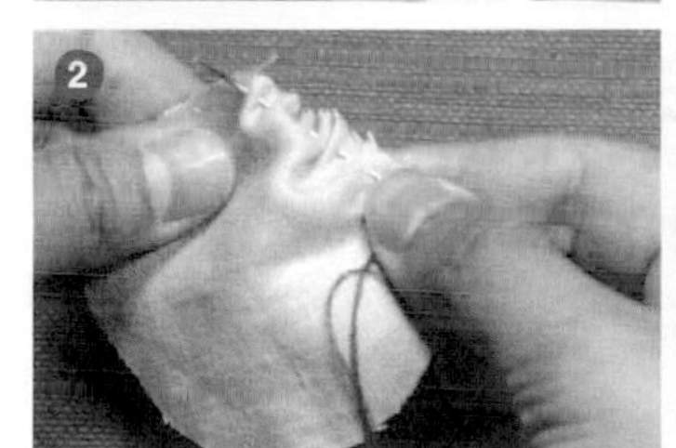

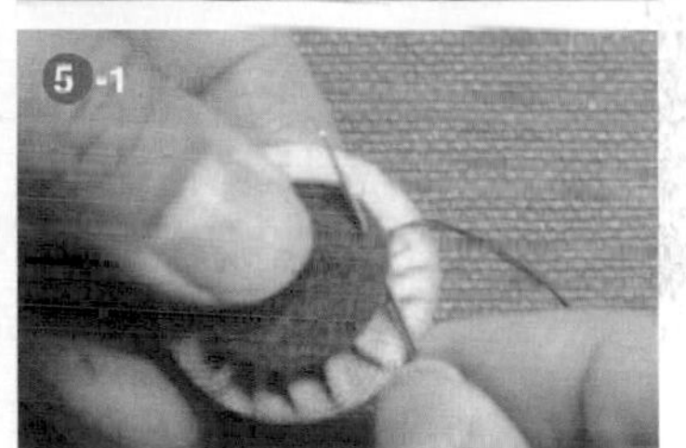

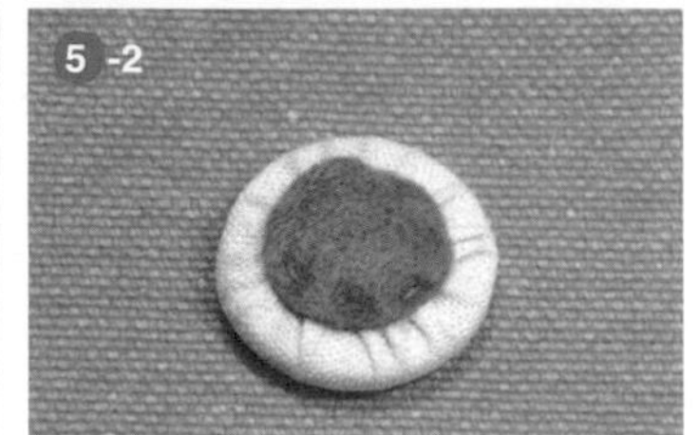

Q83 製作泰迪熊等布偶時，細長的手腳如何才能順利翻面？

製作泰迪熊等布偶時，細長的手腳，手指又伸不進去，真令人煩惱，這時該怎麼翻到正面呢？這是許多讀者常面臨到的困難，其實只要準備一根返裡針，就能迅速將條狀物翻回正面。參照以下的「玩偶細長布條翻面法」試試看吧！

布偶是許多人的好朋友，縫紉初學者也能自製布偶。

玩偶細長布條翻面法

❶ 布邊緣剪牙口

將有圓弧型的縫份邊緣剪等距離的牙口（弧邊牙口參照p.117～118），可幫助翻到正面後弧線處較順。但注意不要剪到縫線。

❷ 備好返裡針

準備一支返裡針，針尖有小鉤狀。

❸ 以返裡針鉤住布

利用返裡針，從布的洞口穿入至布的頂端，鉤住布的一角，固定好確保翻面時不會鬆脫。

❹ 拉出返裡針

從內部小心地拉出鉤住布的返裡針即可。

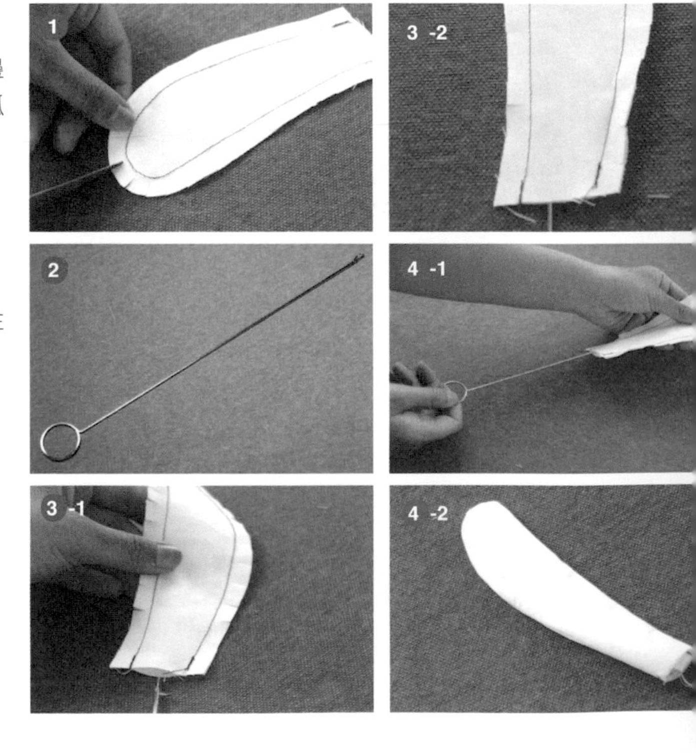

Q84 買不到適合的搭配繩，該如何製作布繩？

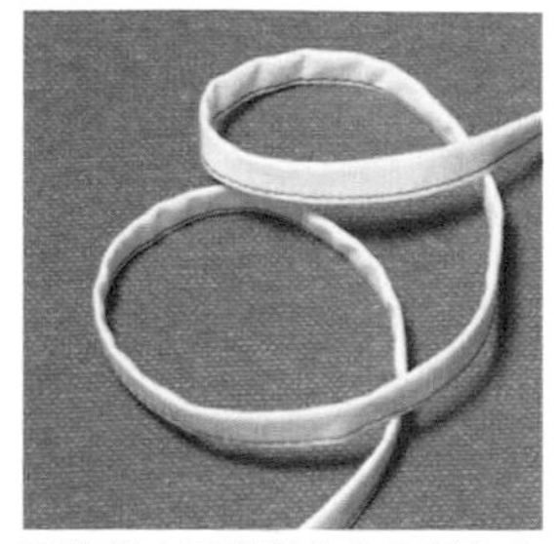

可使用自己喜歡的布來製作布繩，易搭配又有特色。

在市售的皮繩、尼龍繩、麻繩中，找不到自己喜歡的繩子嗎？不妨試試利用布片做一條特製的布繩，說不定正好可以搭配布作品，同時也多了一樣選擇。參照以下的「布繩製作法」，教你用簡單的方法製作。

布繩製作法

❶ 裁剪長布條

將布剪成長條狀。若以完成後0.8公分寬的布繩為例，裁剪布條的尺寸要乘以4，所以裁剪寬度約為3.5公分。（斜布紋剪法和滾邊器使用方式參照p.26的Q12）

❷ 製作布條

利用18mm的滾邊器，將布條壓、燙成圖中的樣式。

❸ 布條對摺後車縫

將燙後的布條對摺，並做直線車縫，縫份為0.1～0.2公分，即成布繩。

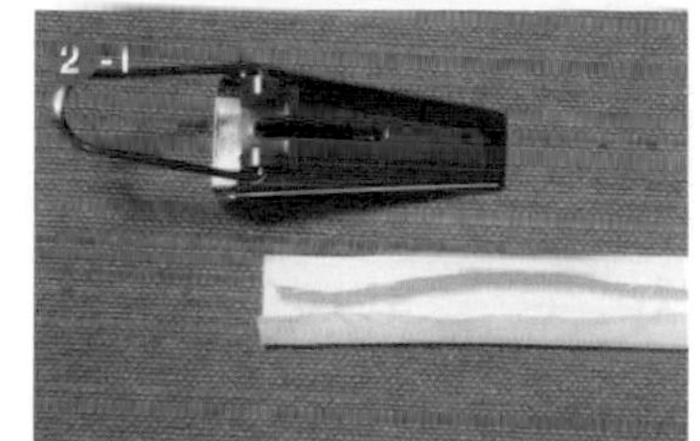

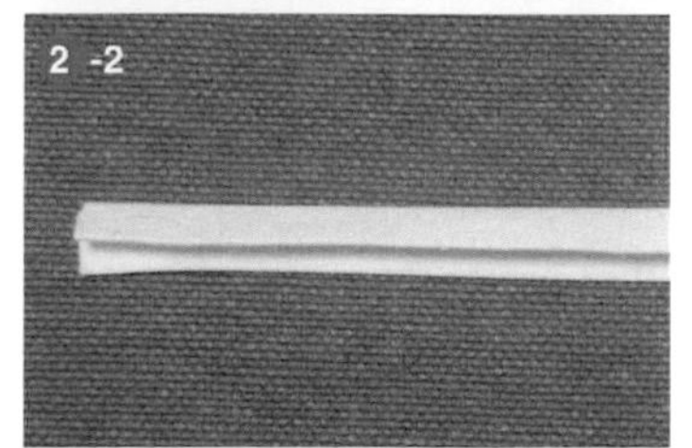

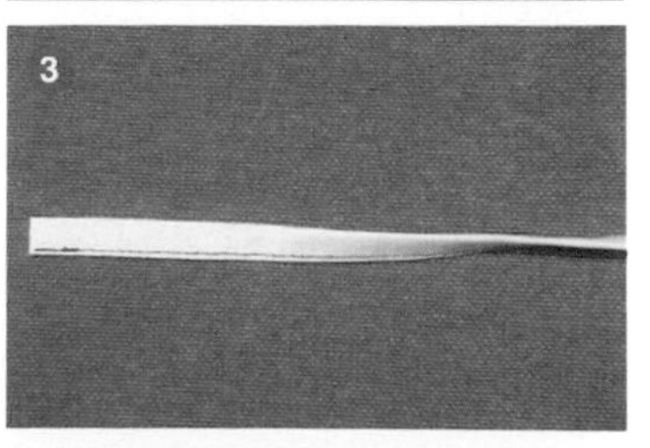

Q85 如何將布條兩邊的直角，車縫得很整齊？

布條長邊的直線車縫操作上很簡單。不過，若兩短邊的縫份沒收乾淨，精緻度就會大打折扣。以下「布邊直腳車縫法」，只要幾個步驟，就能將布條的直角邊緣車縫得很整齊唷！

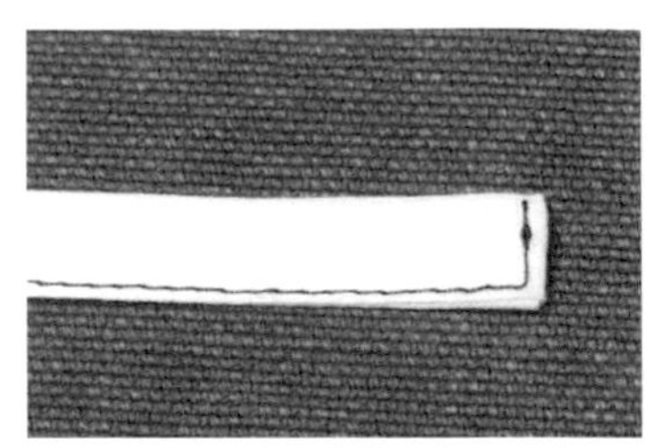

布條左右兩短邊的車縫，縫工很重要。

布邊直角車縫法

❶ 裁剪長布條

將布剪成長條狀。若以完成後0.8公分寬的布繩為例，裁剪布條的尺寸要乘以4，所以裁剪寬度約為3.5公分。（斜布紋剪法和滾邊器使用方式參照p.26的Q12）

❷ 布條對摺後熨燙

布的正面朝外，對摺布條長邊，再使用熨斗整燙。

❸ 上半段再對摺

以剛才的對摺線為中心線，上半段長邊再對摺一半。

❹ 短邊內摺

將短邊往內摺約1公分。

❺ 下半段再對摺

以剛才的對摺線為中心線，下半段長邊再對摺一半。

❻ 整理長邊的縫份

兩段對摺後，將下段長邊的縫份穿插入上段長邊的縫份。

❼ 車縫

最後車縫直線即可。

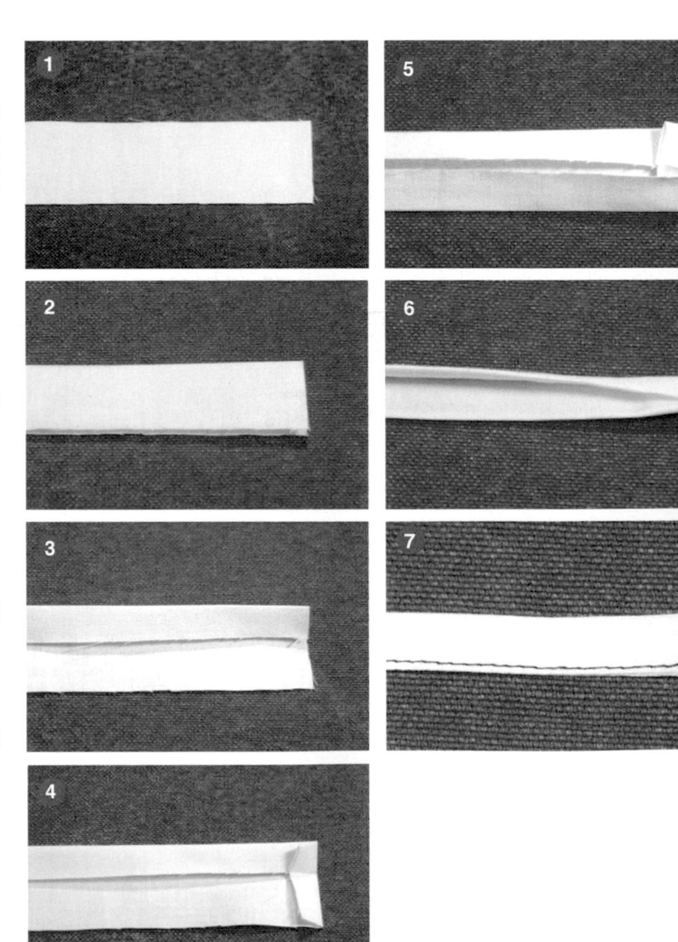

Q86 如何製作手提袋的提把？

袋子的提把製作方式相當簡單，只要將布剪裁成長條狀，從長邊對摺車縫，再利用返裡針做翻面輔助動作，一條看不到車線的布提把就完成了。這和p.112的Q83玩偶細長布條翻面的方法類似，讀者們也可參照下圖「手提袋布條製作法」做做看！

與手提袋完美搭配的提把，初學者自己就能做囉！

手提袋布條製作法

❶ 備好返裡針

準備一支反裡針，針尖有小鉤狀。

❷ 對摺布片

先將所需的布片對摺成長條狀，以熨斗熨燙工整。

❸ 車縫直線

在中間偏布邊的位置車縫一條直線，開始和結尾處都要做回針車縫，才能牢固。

❹ 以返裡針鉤住布

利用返裡針，從布的洞口穿入，通過條狀物至布的另一端，鉤住布的一角，固定好確保翻面時不會鬆脫。

❺ 拉出返裡針

從內部小心地拉出鉤住布的返裡針，翻面後整燙即可。

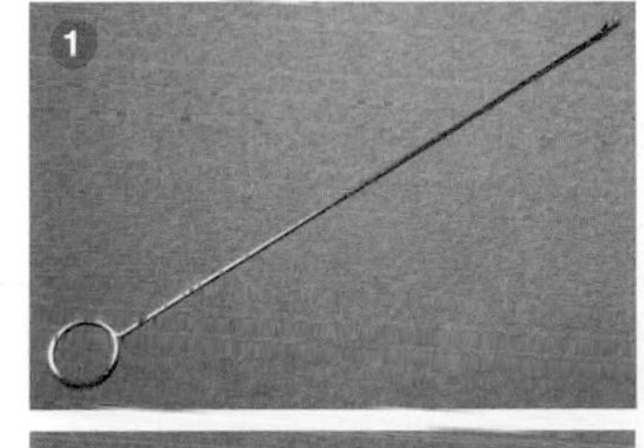

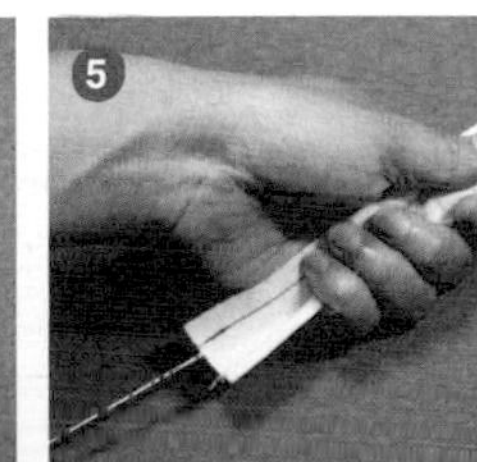

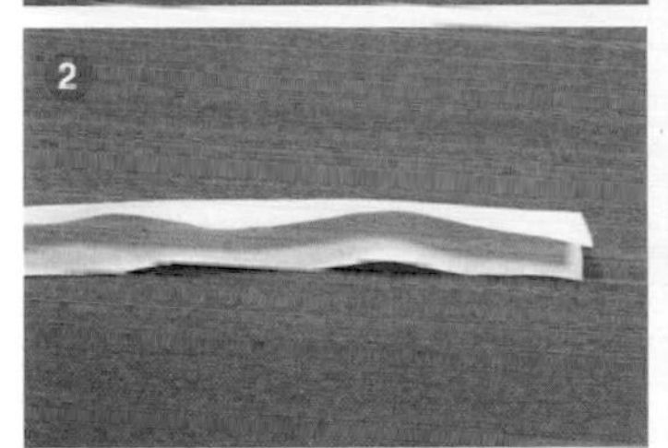

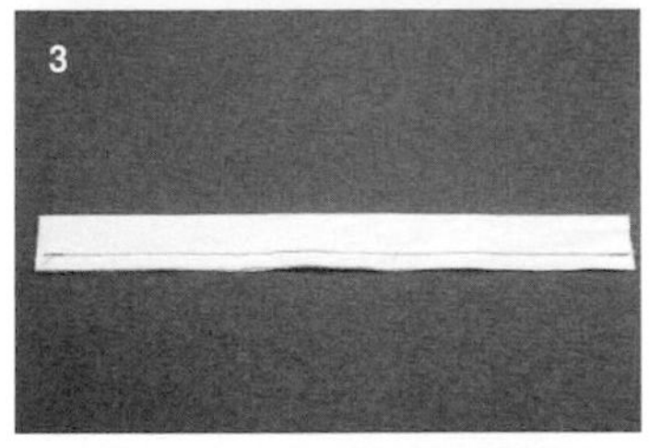

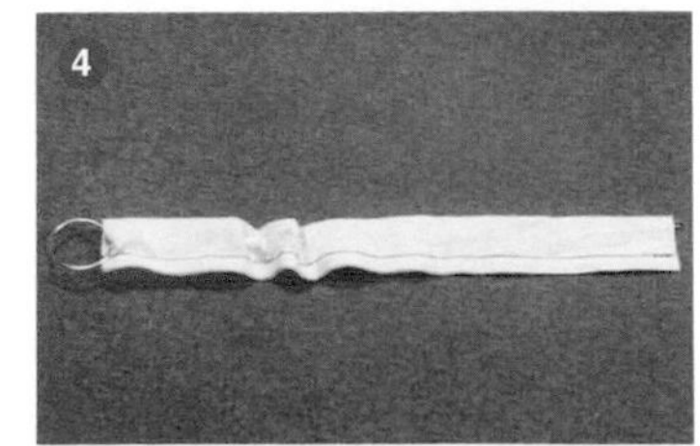

Q87 為什麼大部分的布作品都得先從反面車縫，而不直接從正面車縫？

因為從反面車縫可以將縫份藏在裡面，不會一眼就被看見。再者，很多布料都有分正反面，所以，都是從反面車縫後再翻回正面。

通常都是布的正面對正面車縫，朝著自己的都是所謂的反面，然後車縫，在沒有曲線等複雜邊緣處，留一個可以讓作品完成後翻回正面的返口，翻到正面後可以錐子調整作品外觀，必要時再使用熨斗整燙，做最後檢查，接著就可以藏針縫收尾完成了。所以，只要記得縫紉順序口訣：**正面對正面，從反面車縫；平順邊緣留返口，翻正後藏針縫。**初學者可以跟著以下「一般車縫順序」操作看看。

一般車縫順序

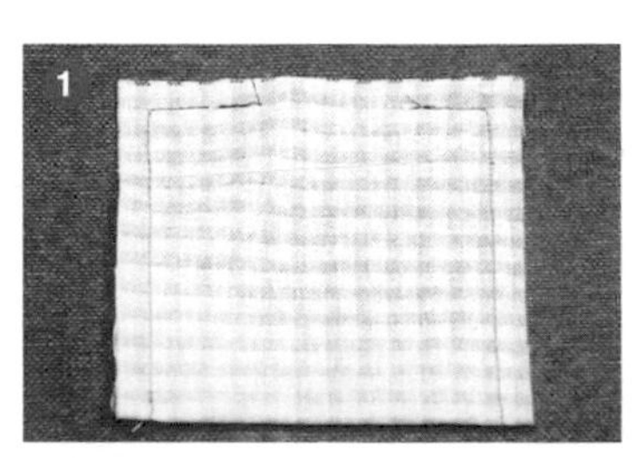

❶ 車縫兩塊布

布的正面對著正面，從反面車縫，留適當大小的返口。

❷ 從返口拉出

翻正的時候先拉出離返口最遠的角落，會比較好翻正。

❸ 熨斗整燙

翻正後可利用錐子等尖銳物將作品邊緣整理好，適度使用熨斗整燙。

縫紉順序的口訣，是「正面對正面，從反面車縫，平順邊緣留返口，翻正後藏針縫」，只要記住這段順口溜，下次操作時就不會搞錯了！

POINT

Q88 製作包包、娃娃或玩偶時常看到返口、充棉口，這些口有什麼功用？

A

像手提包、收納袋、布玩偶這類物品，最後都必須車縫後翻回到正面。所以，一定要留一個可以翻面的洞口，即返口、充棉口，讓布可以翻回正面做處理。

返口沒有一定的大小，但通常是作品揉成一團後的直徑大小。留得太大會花很多時間在手縫藏針縫收口上，留得太小會難以翻面，造成拉扯過度、無法翻面，或導致返口的布邊鬚邊。在翻回正面時，可巧妙利用錐子方便翻正。預留返口時，選擇平順邊緣有利於正面做藏針縫。由於藏針縫通常是預先抓好縫份份量再來手縫，複雜的邊緣會讓欲先抓取縫份的動作更加困難，除非不得已，否則不建議在複雜邊緣預留返口位置。

小針插翻回正面後，再塞入填充的棉花。

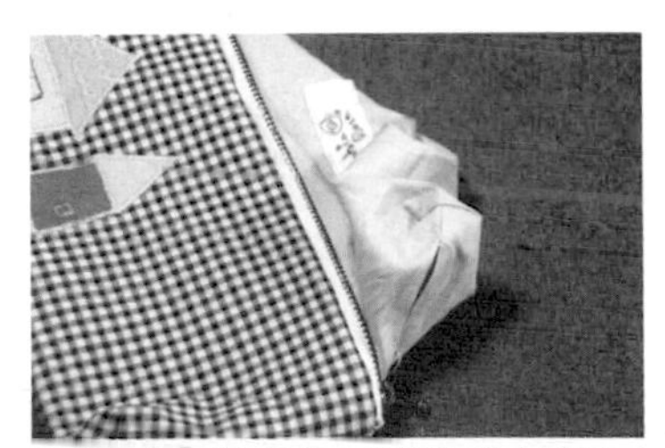

收納包有內裡，通常會選擇內裡來預留可供翻正的返口。

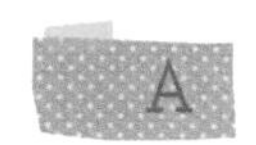

Q89 車縫內弧形、外弧形的邊緣時，翻回正面前，為什麼要剪等距離的小牙口？

A

剪弧邊牙口是方便在翻面的時候布的邊緣會比較順！因為弧形邊緣翻回正面後，裡面會形成小波浪，或者因為方向不同而造成布料緊縮狀況。因此，剪等距離的牙口，有助於作品的外觀有好看的弧度。初學者學習剪牙口前，可參照以下「內弧邊牙口」和「外弧邊牙口」的步驟。

內弧邊

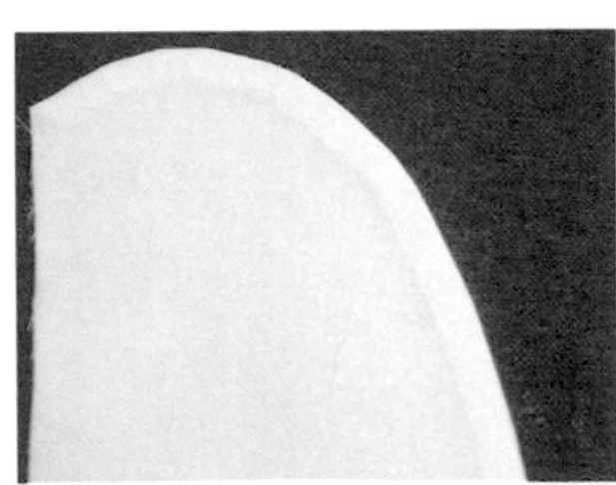

外弧邊

內弧邊牙口

❶ 車縫弧線

操作過程中，車縫速度要控制得當，車縫線的弧度才會順暢。

❷ 剪牙口

在內弧形處剪等距離的牙口，牙口和車縫線的距離約0.2公分，利用熨斗將縫份燙開後，翻回正面後再整燙一次，就有美麗的弧形。

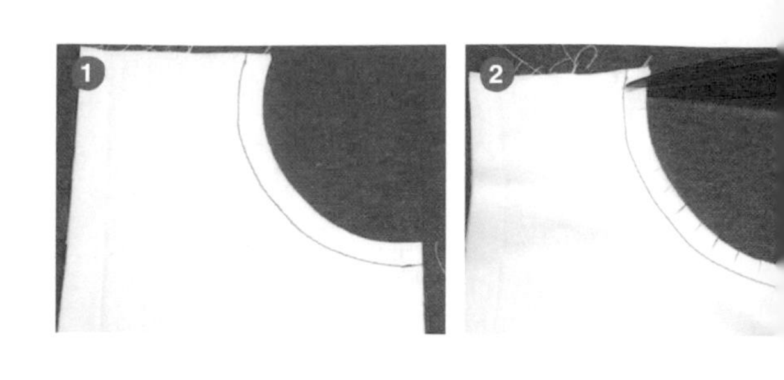

外弧邊牙口

❶ 剪牙口

車縫方式同樣都是弧線車法，在外弧形處剪等距離的牙口，牙口和車縫線的距離約0.2公分，利用熨斗將縫份燙開後，翻回正面後再整燙一次，就有美麗的弧形。

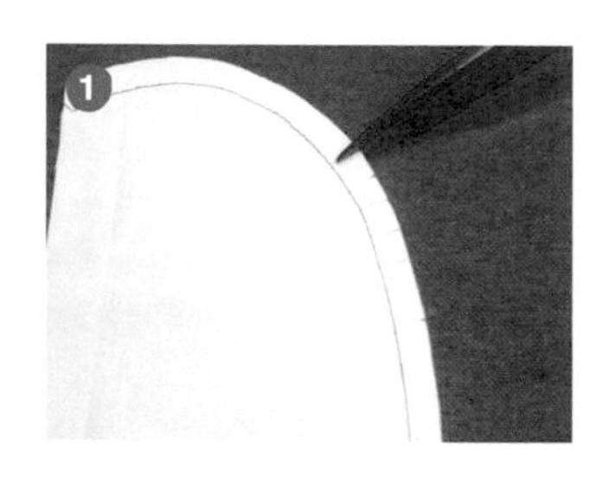

Q90 弧形邊緣的等距離小牙口，和Q52中的牙口記號有什麼差別？

牙口分有「機能」和「記號」2種用途。第一種機能性質牙口，記號牙口大一點，弧形邊緣的牙口是在車縫後才剪的，稱為弧邊牙口，目的是讓弧形翻回正面後較順暢（可參照p.117～118）。另一種是牙口記號點，通常是在布片未車縫前做的車縫記號點，用來提示車縫時的注意事項，像縫份的寬度記號，或者褶子的位置標記等等，剪記號牙口時不用過大，看得清楚即可。

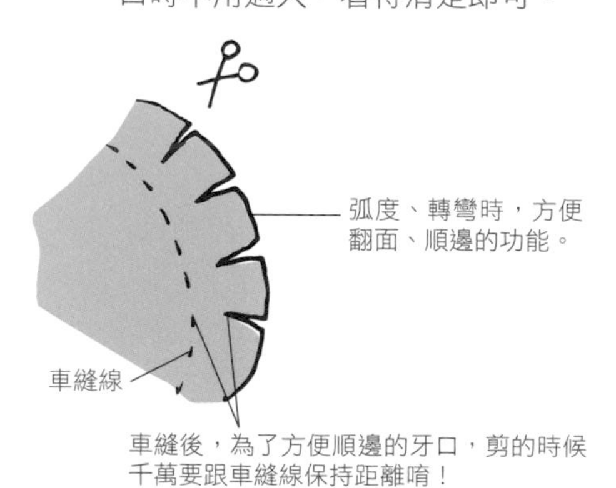

弧形邊緣的牙口，是屬於機能性質牙口。

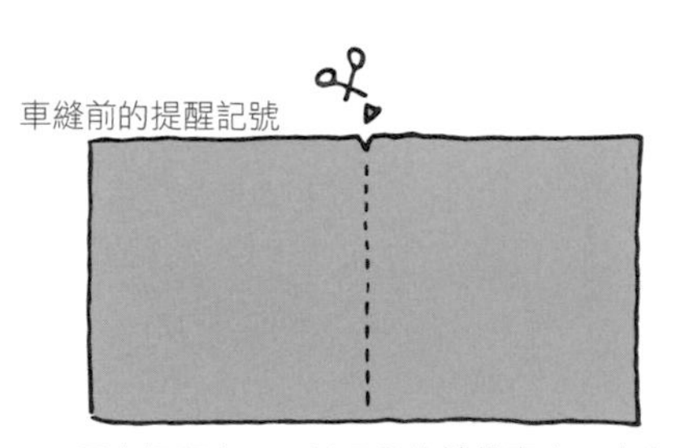

牙口記號點，屬於記號提示性質。

Q91 如何製作有厚度、立體的包包？

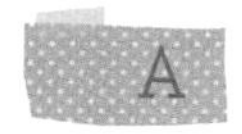

A 希望包包有更大的容量嗎？沒問題，只要將包包抓底，讓它變得立體，包包就會有厚度了。抓底通常用在製作包包上，是將包包底部原本扁平的面積，抓出立體有厚底的方法。初學者可參照以下「包包抓底方法」步驟，親自測試。

包包抓底方法

❶ 車縫袋身

將袋身車縫固定，照片中的範例有內裡，所以等於四個直角都要抓底（圖中4個圓圈處）。

❷ 抓底

抓底3公分，以側邊線當中心，參照圖片，左右量起各1.5公分。

❸ 剪掉縫份

車縫固定後，以剪刀將三角形處的縫份剪去，若是手縫就不須剪掉縫份，以免手縫線脫線。

❹ 翻回正面

翻回正面後調整外觀，有底袋子就完成囉！

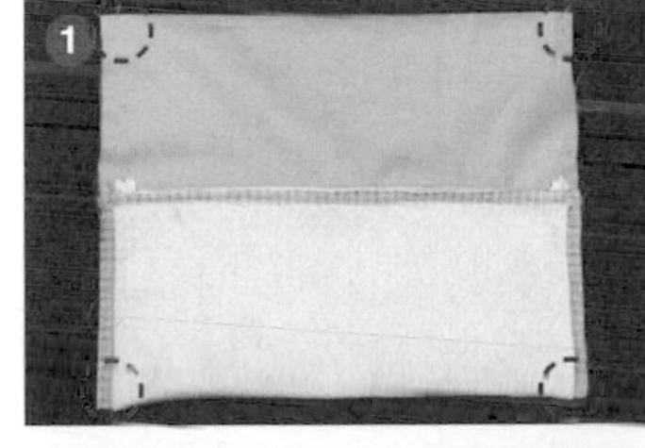

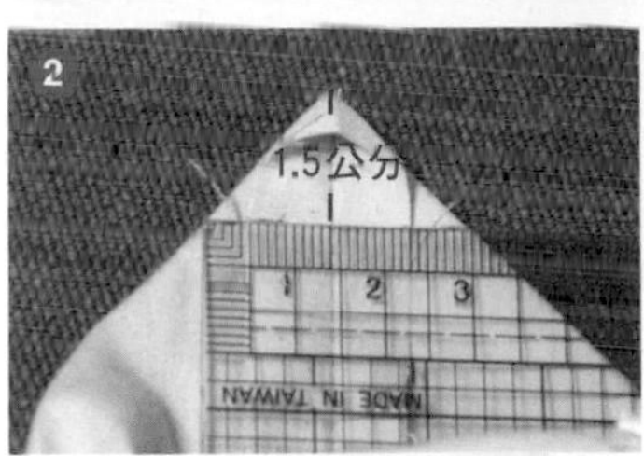

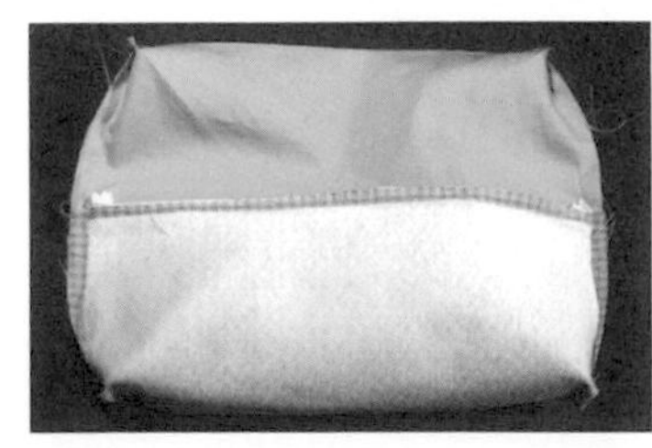

Q92 衣領、褲腰頭、裙頭有一塊寬布片，這是什麼呢？為什麼要有這一片？

這就是貼邊。衣領、袖口、褲腰頭、裙頭裡面有一片比縫份還寬的布片，叫作貼邊，通常用來修飾布邊，使不易看到服飾裡面的縫份，看起來較精緻。有些衣服、褲子都會使用貼邊，來代替三褶的布邊車縫方式，讓作品因貼邊更有挺度，做工看起來更精緻。

貼邊的寬度常見的是1.5～2吋

Q93 如何以縫紉機車好彈性布？

彈性布對初學者有點難，需多加練習。一般家庭用手提的縫紉機較不易車縫這類特殊的布料，所以操作時，首先，需換上均勻壓布腳，再搭配錐子的協助，才能讓作品更完美。

每家縫紉機這類的壓布腳名稱有些許不同，這些都是額外購買的配件，選購時可以仔細形容給店家，讓他們幫忙找到合適的壓布腳。

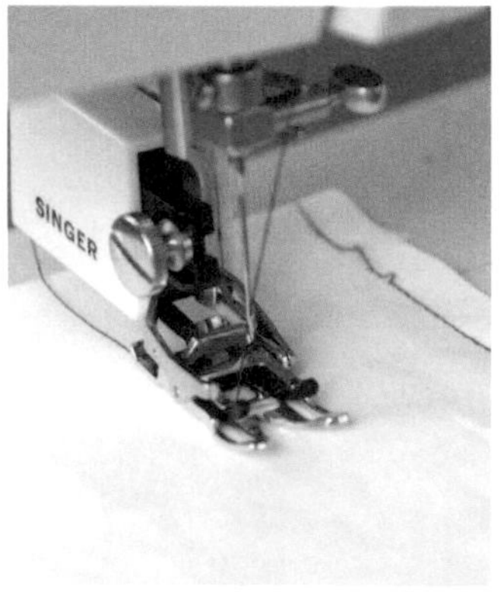

車縫彈性布時，需使用均勻壓布腳。

衣服修改前

衣服修改後

同場加映

哎呀！過時太大的T恤捨不得丟怎麼辦？修個腰線、改個袖長就能跟上流行！

T恤太大、版型不再流行怎麼辦？沒關係，只要稍加修腰線、改袖長，馬上就變成新衣。T恤布不容易鬚邊，且布邊有自然翻捲的特性，所以，裁剪過後的布邊刻意不收邊，也是一種特色喔！參照p.122的插圖解說，再參照步驟圖片試試看！

做法步驟

❶ 剪掉袖子

因為原本的T恤過大，肩線也長，所以沿著袖線剪去，可以改成法國袖。可先畫線，再沿線裁剪。

❷ 領口加大

將領口改大，增添一點性感，先畫記號線，然後裁剪。

❸ 修腰身

利用彎尺，修腰身，讓身材看起來更修長。同樣先以筆做線條記號，若修改的面積很大，建議可以剪刀修剪，但別忘了留縫份。

❹ 換上均勻壓布腳

使用彈性布專用壓布腳車縫腰身即可。

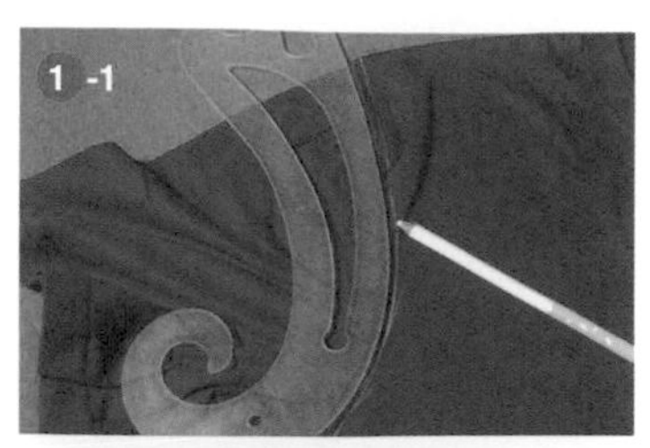

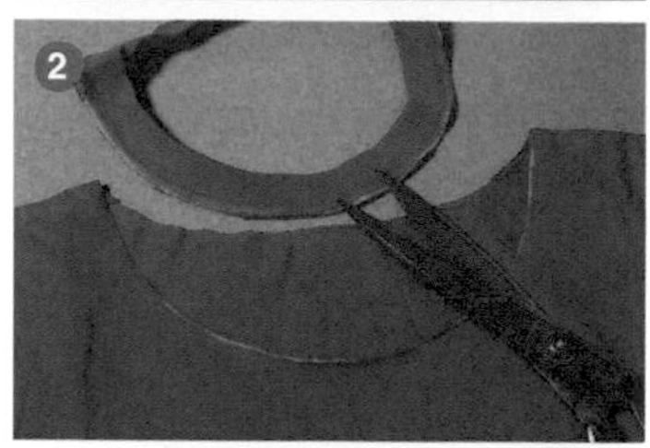

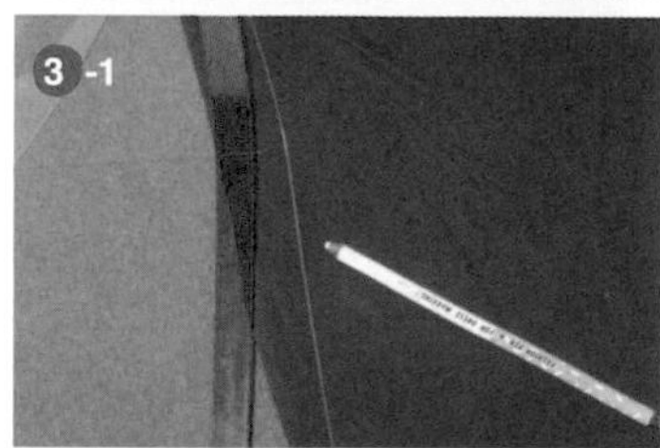

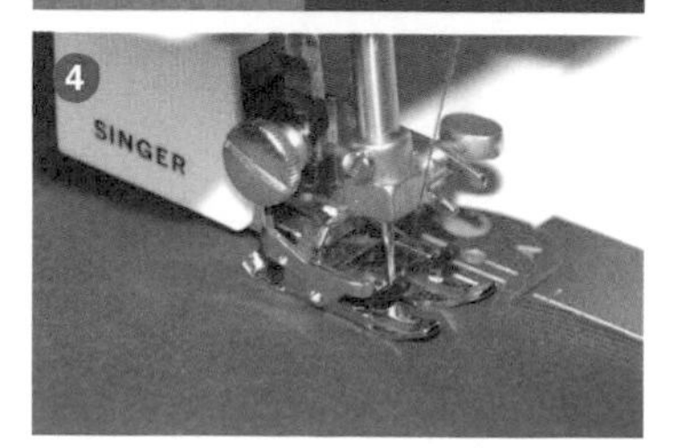

像這樣大幅度的改造衣服，必須注意到修改之後的胸圍與臀圍是否合乎自己的尺寸。

Q94 縫裙子、荷葉滾邊時，如何平均車縫或手縫固定縮縫的布？

縮縫最常用在裙子或荷葉滾邊的作品上，是將比較長的布片縮短到能和短布片對齊的縫法，是製作荷葉邊常用到的技法。

縫紉機和手縫的縮縫觀念相同，只是工具不同。縫紉機有上下線之分，所以一道縫線會比手縫多一條線，調整縮縫皺褶時，只要選擇同一面的車線，一同進行調整動作即可。若選擇手縫，只需同時抓取同邊的縫線調整即可。初學者可以參考以下以「縫紉機縮縫」和「手縫縮縫」示意圖的解說。

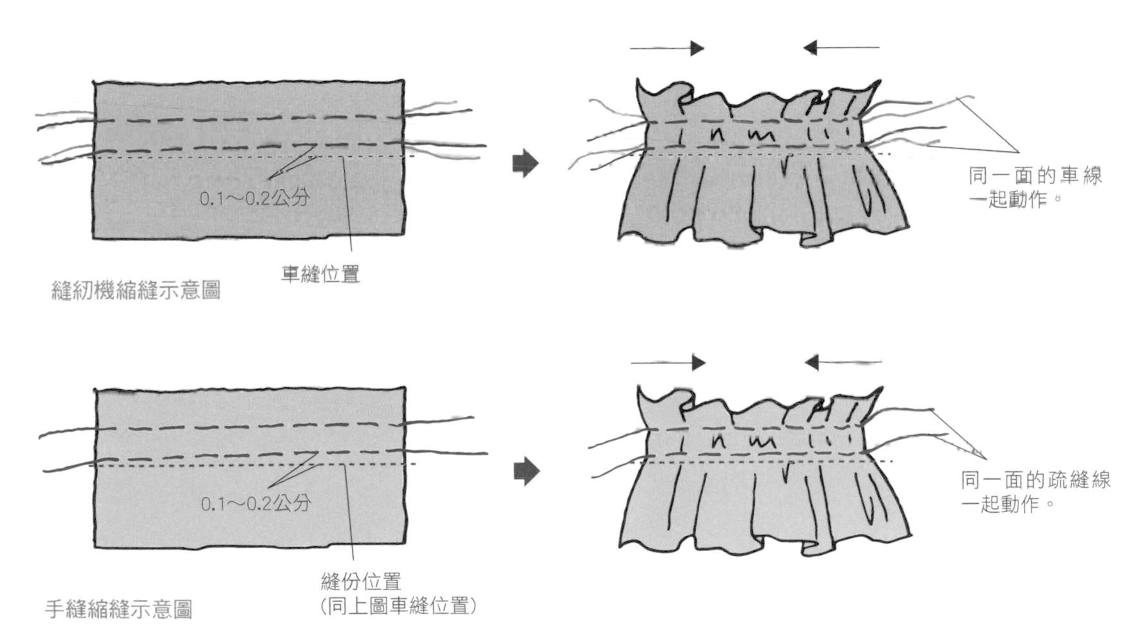

縫紉機上的針距圖示，若數字愈大，則針目愈疏。車縫前，先將針目間距調大（疏），縮縫後比較方便挑起車線調整鬆緊。要選用萬用壓布腳，或者普通壓布腳。此外，以縫紉機做縮縫的疏縫動作，可以左手指擋在壓布腳後，這樣會產生皺褶，方便之後的縮縫動作。

POINT

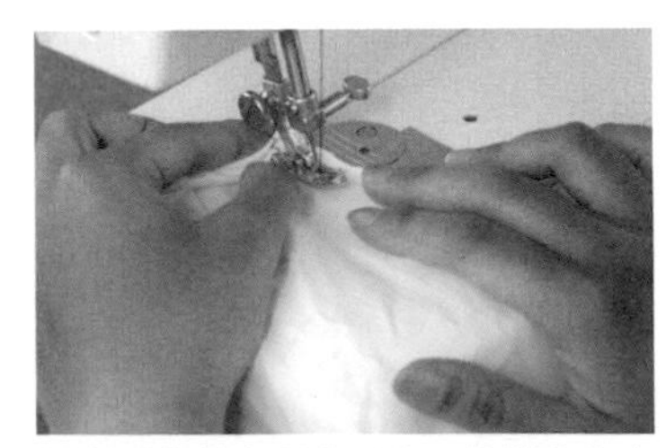

以左手指擋在壓布腳後，這樣會產生皺褶，方便之後的縮縫動作。

以蕾絲縮縫點綴，服飾更多變化。

同場加映

衣服太短，可以接寬版的蕾絲，變長又變美！袖子也可以接唷！

過時太短的上衣，可利用蕾絲來加長並且裝飾下襬或者袖口，做法簡單又美觀，可以動手試試看唷！

Q95 縫紉機也可以做藏針縫嗎？該怎麼做？

縫紉機的藏針縫，其實就是指在接布線中間車縫的動作。這樣的動作大多用在包邊、滾邊動作上，基本上縫紉機不像手縫一樣那麼方便做藏針縫的動作，所以有作品的限制。家中有縫紉機的人，可參照以下「縫紉機藏針縫方法」的步驟試試看。

縫紉機藏針縫方法

❶ 車縫直線

將布條正面朝布片正面對齊邊緣，從反面車縫直線。

❷ 反摺縫份

剩下的縫份反摺兩次

❸ 正面交界處車縫

摺疊後的縫份要多出約0.1～0.2公分，從正面縫份交界處車縫，確認反面的縫份有車縫到即可（車縫藏針時，用線的顏色最好是挑選和布料本身雷同的顏色，效果會更好，本書由於是示範，為求清晰，在此使用紅色）。

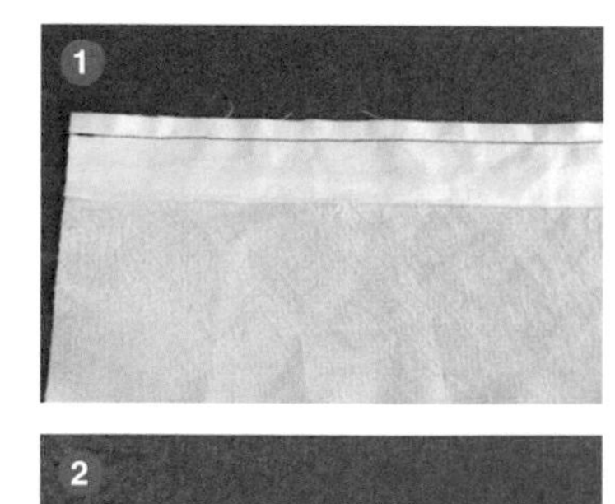

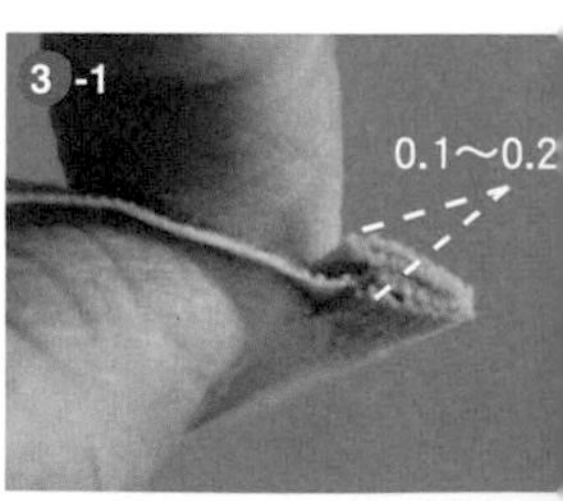

Q96 如果布的長度不夠，該如何增加布料長度？

布料長度不夠還真傷腦筋，這時有2種方式可以補救，讀者可視情況，看布料是呈長條狀或大片布料，再參照以下方法操作即可。

長條狀布料的接法

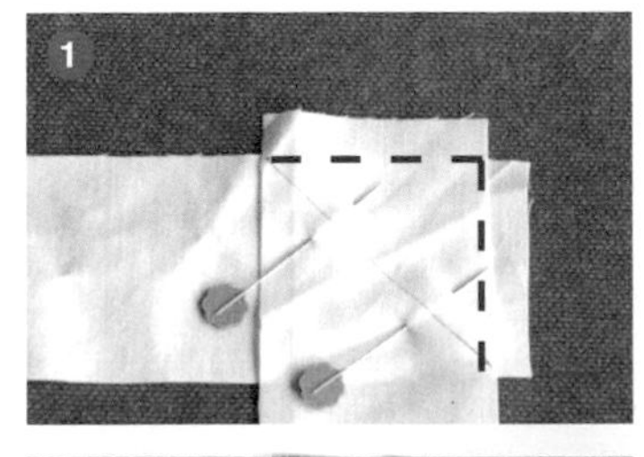

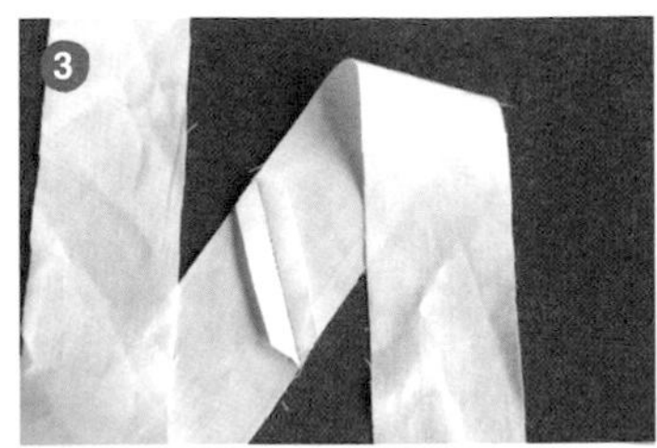

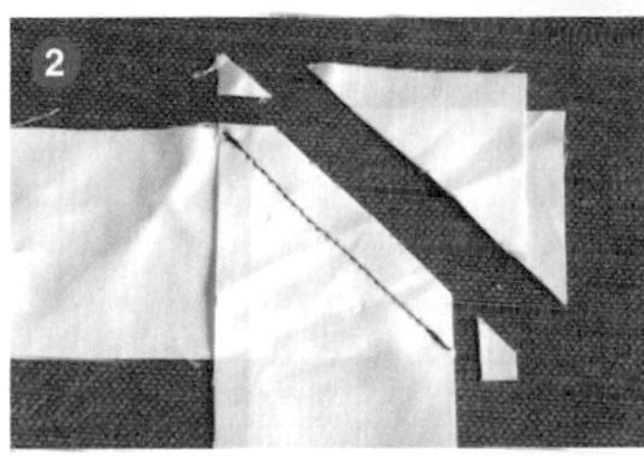

❶ 布料重疊後畫線

將2片布正面對正面重疊對齊，如圖所示排成倒L型，再從重疊的對角畫一條線。

❷ 車縫固定

車縫固定後，剪去多餘的部分，只留0.5～1公分縫份的寬度。

❸ 完成囉！

攤開布片即可。這是以利用45度斜接的方式，將布盡量以無痕的方式接縫起來。

大片布料的接法

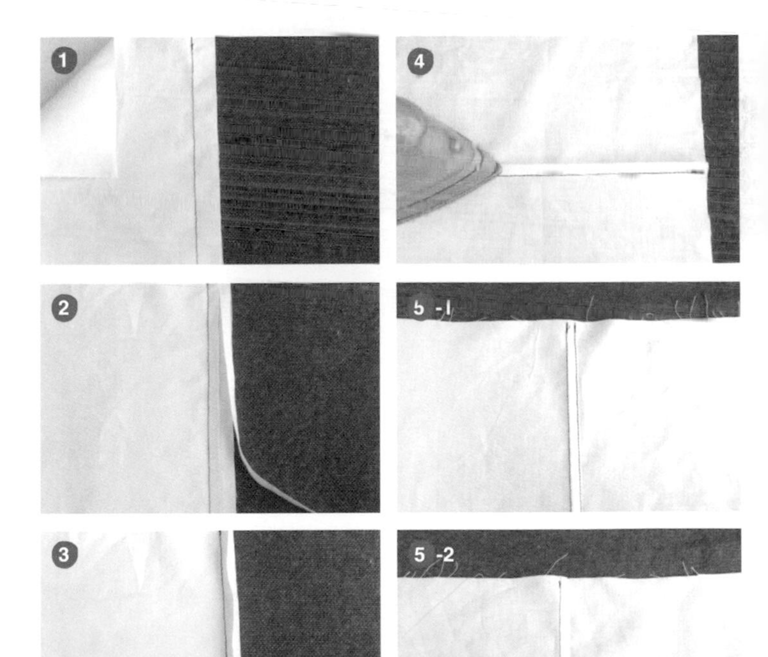

❶ 布料重疊後車縫

將2片布正面對正面重疊對齊，車縫直線（1～1.4公分寬的縫份）。

❷ 剪掉上布適量的縫份

將其中一邊的縫份剪去一半。

❸ 大的縫份包住小的縫份

將面積大的縫份反摺，包住剛剛剪小的縫份。

❹ 熨斗整燙

將布攤開，以熨斗將反摺處燙平。

❺ 車縫固定反摺處

車縫固定反摺處，距離反摺邊緣約0.1公分，以熨斗整燙即可。

Q97 如何以縫紉機車縫有弧度的口袋？

如何車縫小口袋才能又快又漂亮？這裡要介紹以下2個好用的工具——市售的耐燙板和自製的型板，有了這些工具的輔助，有利於快速車縫有弧度的口袋。

市售耐燙板

❶ 方格尺配合熨斗整燙

裁縫專門店販賣的耐熨燙方格尺，若要處理的是簡單造型的布片，可先用方格尺的弧邊，配合熨斗整燙後車縫。

❷ 耐燙板壓在布的反面整燙

將耐燙板壓在布的反面，搭配熨斗將縫份反摺整燙固定，用在熨燙有弧度的布片很簡便。

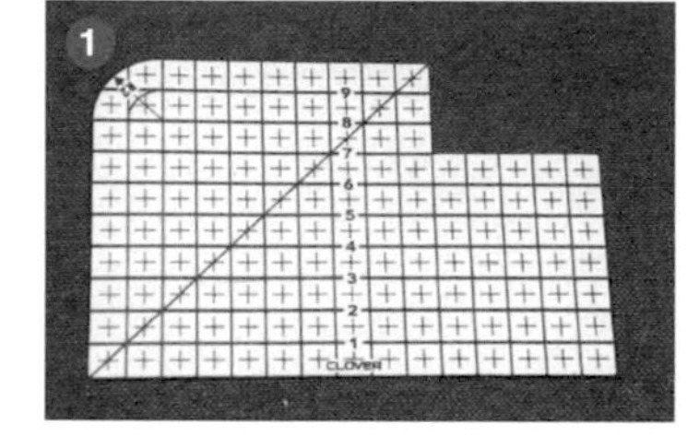

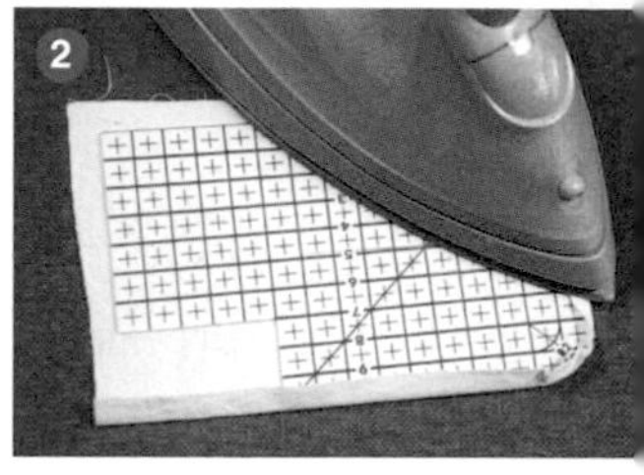

自製型板

❶ 利用厚紙板自製型版

若作品是自己設計的特殊造型，可以到美術社購買稍厚的紙卡，修剪成所需的形狀，再以熨斗整燙布片後車縫（型版的成型尺寸記得需扣除縫份）。

❷ 厚紙板在布的反面整燙

將自製型版壓在布的反面，搭配熨斗將縫份反摺整燙固定，可依自己的喜好和設計需求製作型版。

❸ 完成囉！

可完成弧度工整的作品。

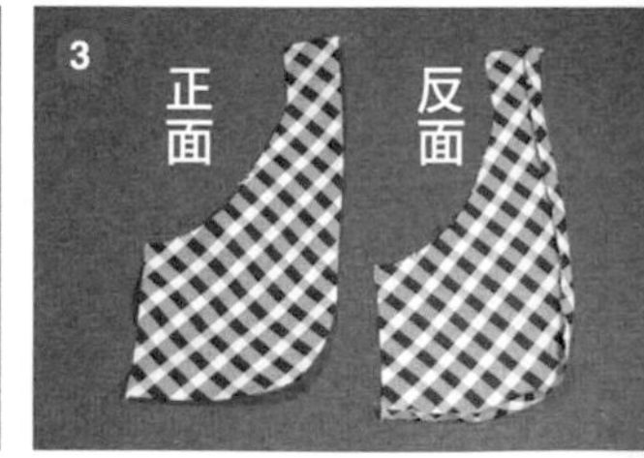

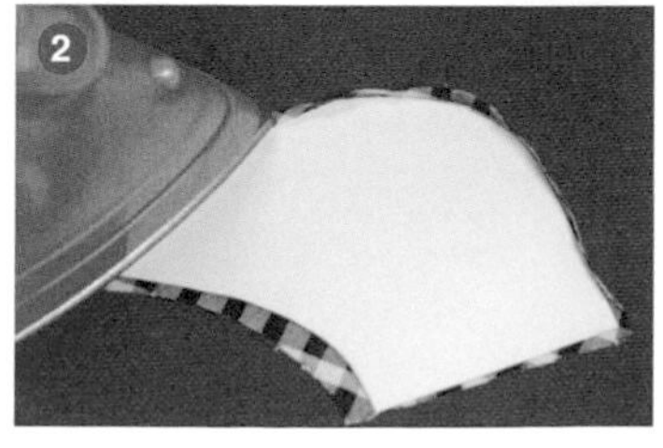

Q98 若不製作內裡，包包裡面的縫份要如何修飾？

有時不一定非得製作內裡才能遮蓋縫份，利用包布邊的方式也能將縫份包覆起來，包縫份的布條還可以配色，增加美感。讀者們可參照以下「修飾布邊的方法」操作。

懶得做內裡可用包布邊的方式，同樣可修飾縫份。

修飾布邊的方法

❶ 裁剪布條

依據布包縫份寬度尺寸，以4倍的寬度裁剪布條，長度約為需滾邊的縫份邊緣長度。

❷ 整燙布條

利用熨斗將滾邊布條，以對摺再對摺的方式熨燙，朝自己的那一面寬度比後面小0.1公分。（可參照p.26使用滾邊器作滾邊條的方式）

❸ 布條包覆布身

將布條包覆在袋身欲包邊的區段，車縫一直到結尾約2公分處，將縫份內摺1公分，再以回針車縫結尾即可。

❶ 例如：

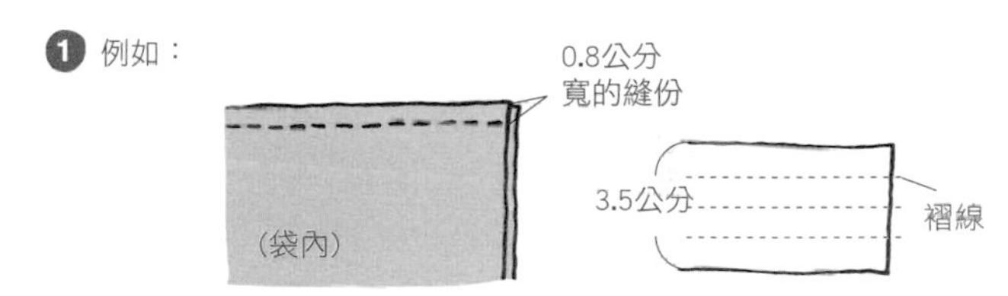

❷ 布條的摺法

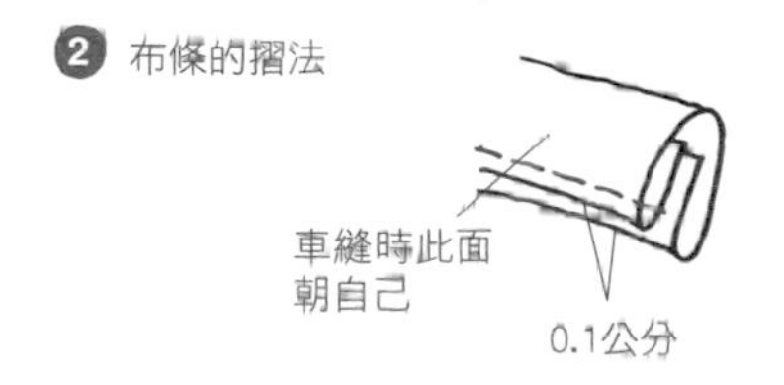

❸

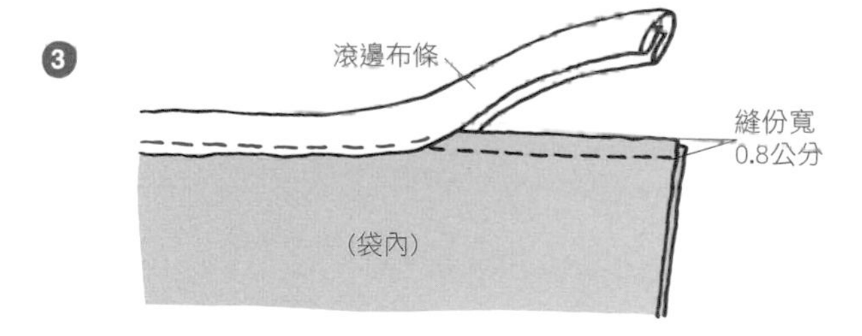

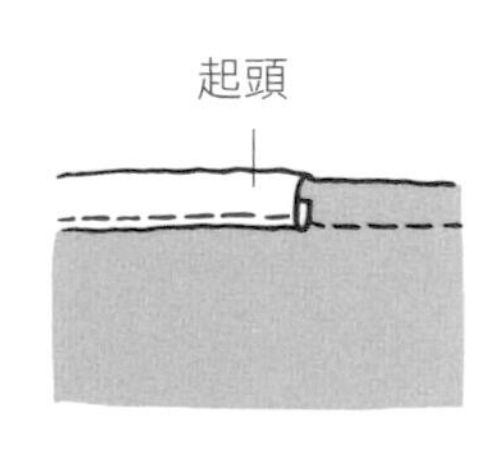

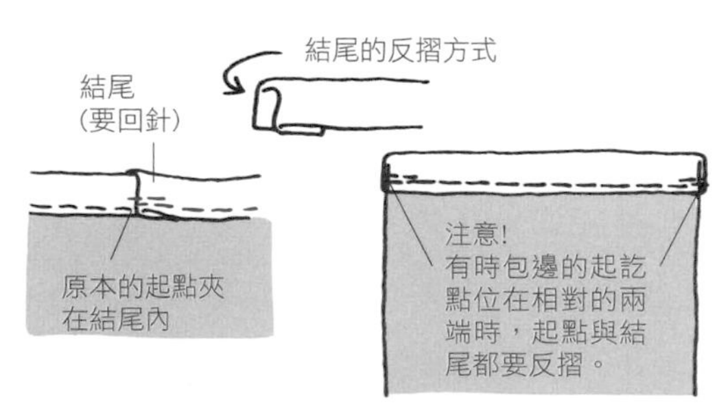

Q99 想要固定裙襬布邊或褲口縫份，但不想看到縫線時怎麼辦？

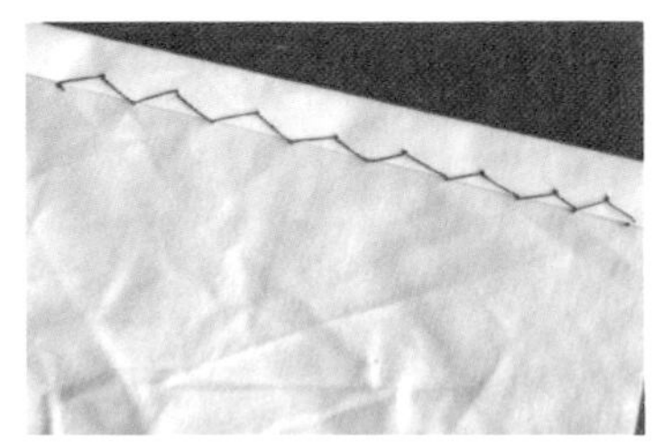

A

有一種叫千鳥縫的手縫方式，有別於藏針縫必須間隔小且等距離的針目，作品完成後，在布正面的縫線不會太明顯。這種縫法常用在希望表面看不到縫線，卻仍保有固定布片的功能時。「千鳥縫縫法」步驟可參照下圖。

千鳥縫縫法

❶ 燙布邊摺縫份

將布邊整燙，摺好縫份，縫份可以三摺或以兩摺搭配布邊拷克。

❷ 從上方入針

縫份方向轉直放，從上方起針，以類似回針縫方式入針。

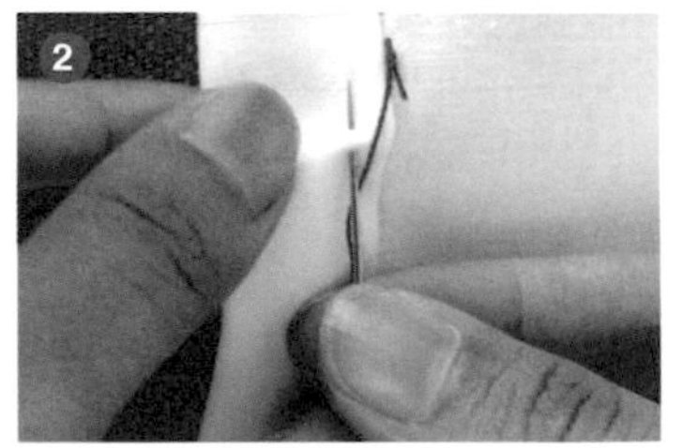

❸ 重複做法❷ 直到結束

重複做法 ❷ 直到結束，最後打結即可。完成後的縫線，裡面看為三角方式（每針間隔取0.8～1公分，不宜太大，太大容易被鉤到）

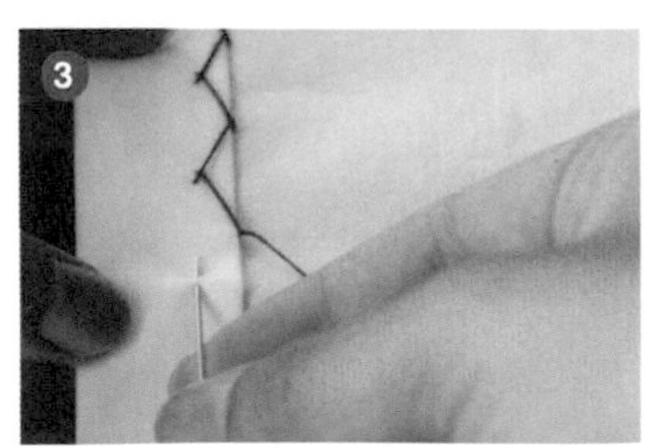

❹ 完成囉！

從正面看，只有一小點等距離的針目。

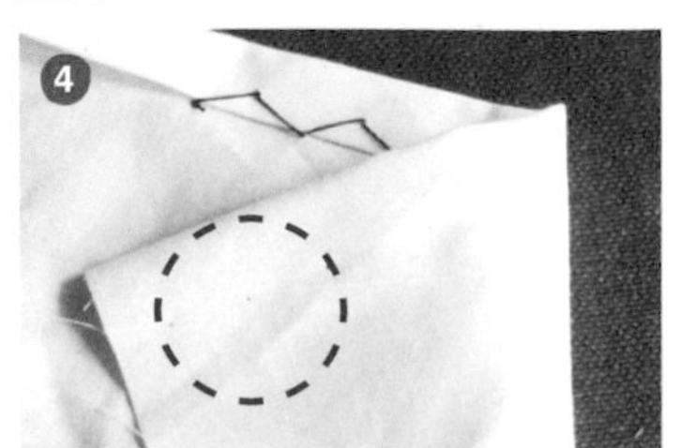

Q100 如何製作包包邊緣的邊條?

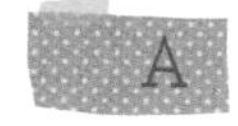

包包邊緣的邊條，正確名稱叫「芽條」，加入芽條可以幫助包包的形狀更有型，使用過程也不容易內凹變形，外觀設計搭配上，更能增加精緻度。製作的方法可參照以下「芽條製作方法」。

邊緣加縫上芽條，包包更精緻且耐用。

芽條製作方法

❶ 準備棉繩

挑選粗約0.3公分粗的棉繩。

❷ 準備正確尺寸的布條

包棉繩的布條寬度需含棉繩粗細，並且外加包包邊緣的預定縫份2倍的寬度。

❸ 確定芽條總長

芽條長度，是包包要車縫芽條的區段總長。

❹ 疏縫包了棉繩的布條

將棉繩放在布條反面上，將布條對摺，以手縫疏縫固定包了棉繩的布條。

❺ 修剪多餘的遮蓋用布

將芽條手縫疏縫固定在布片上，芽條起訖點用另一塊同色布片包覆，疏縫固定後修去多出來的遮蓋用布。

❻ 車縫芽條

將芽條夾在兩片正面對正面的袋身布片中間，以珠針暫時固定，注意珠針方向，參照p.28車縫即可。

❷

約0.3公分粗的棉繩

假如作品縫份為0.8公分寬，芽條用布的縫份也要跟著是0.8公分寬，並且加上棉繩的直徑尺寸。

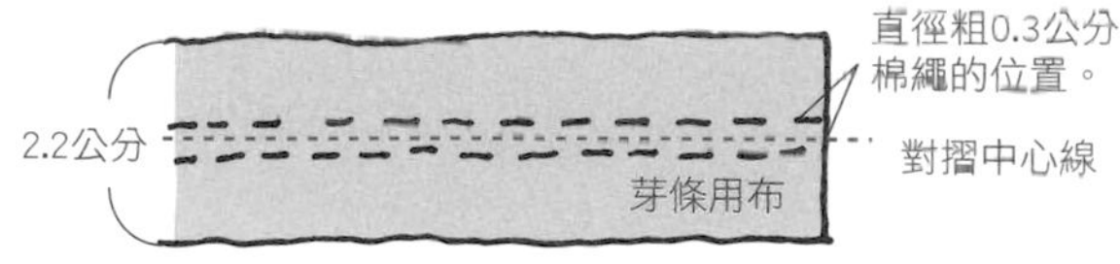

(0.8公分+0.3公分)X2=2.2公分寬布條

❸ 使用布尺丈量需要滾邊的長度。

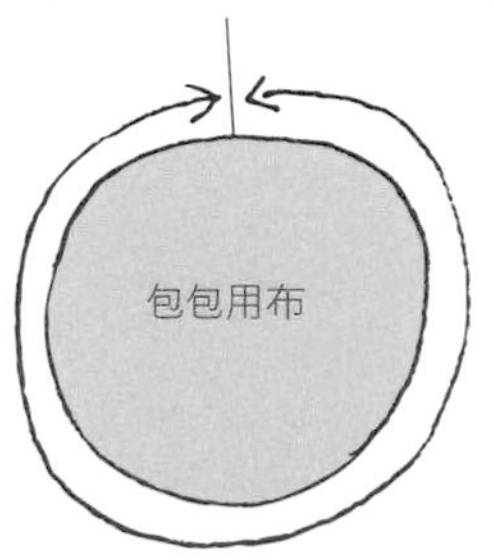

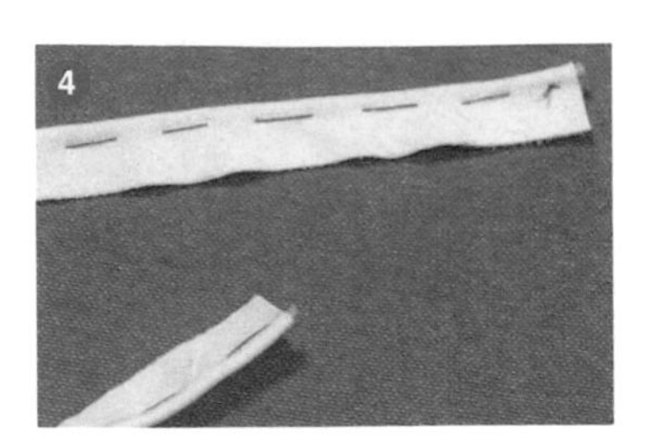

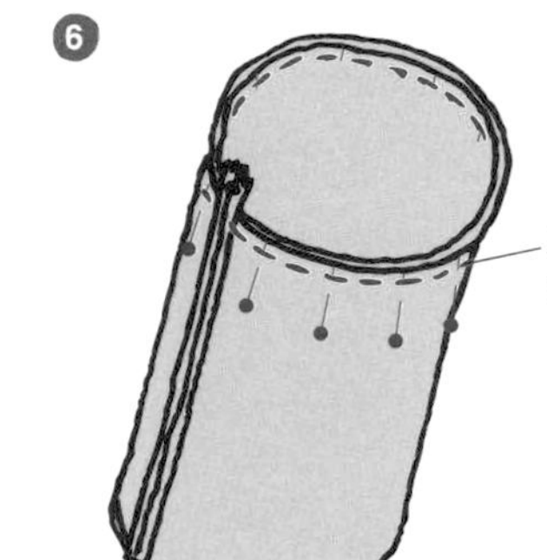

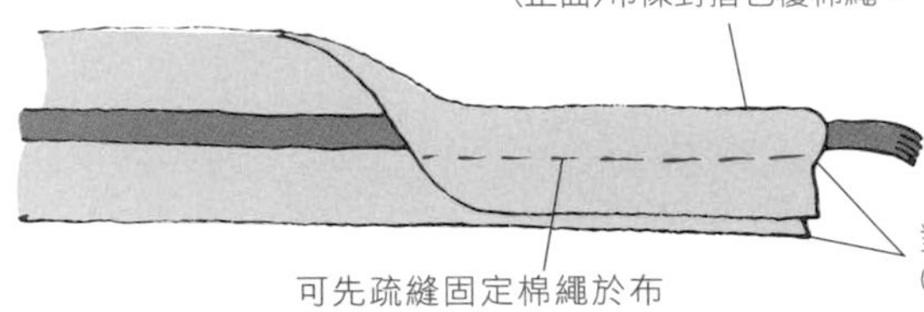

剪一片長、寬約3.5～4公分的同色布
片，以兩邊往中心內摺的方式，蓋在
芽條起訖點的接連處。

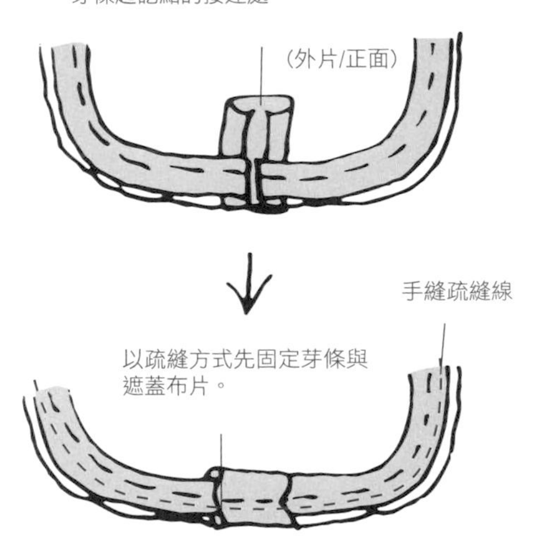

PART 6

開始製作雜貨和衣服

動手製作前先看這！

××

學會了縫紉的基本技法，以下這10件包含雜貨和衣服的作品，可以說是測驗自己是否已融會貫通的實作課，建議你一定要嘗試。製作之前，先閱讀以下事項，以及p.132～133有關光碟片中紙（版）型的用法說明，將有助於順利製作。

注意1 ×××××××
對照你的身圍尺寸

下表中的尺寸，是本書中各尺碼原始對照表，讀者們可找出適合自己的尺寸（size）

尺寸	S	M	L
胸圍	31	33	35
腰圍	23	25	27
臀圍	34	35	37
股上	10	10.5	11
褲長	38	39	41

注意2 ×××××××
布邊拷克的時機

判斷布邊是否要拷克其實很簡單，只要作品完成後會看見縫份的區段，就應該要拷克。所以，有內裡的包包、滾邊的縫份、需要三褶縫的布邊等等，這些都不需要拷克，「只有為了讓作品不要有鬚邊、增加堅固耐用度，才需要做布邊拷克。」

因此，本書p.136～157裡的10件作品，除了在圖解中可看見有拷克邊緣的圖示外，也可以自己試試看，嘗試自己判斷是否需要拷克。

注意3 ×××××××
關於書中的尺寸單位對照

雖然大家都習慣了公分（cm）的單位用法，但由於洋裁常有使用到吋（英寸inch）單位，坊間一些材料店也會使用到吋，所以書中同時並存了「公分」和「吋」兩種度量單位，建議讀者們熟記兩者的用法和換算，才不會容易搞混。熟記以下

1吋＝2.54公分

縫份3/8吋＝0.9525公分（本書直接以1公分標示）

縫份1/4吋＝0.635公分（本書直接以0.5公分標示）

縫份3/4吋＝1.905公分（本書直接以2公分標示）

因此，當你看見書中標明縫份1公分的時候，代表如果以吋計算，等於3/8吋。

注意4 ×××××××
貼心的排版方式和製作順序標示

為了讓讀者不浪費多餘的布料，在每件作品最前面，都會有如何放置紙型的「排版方法」，以及讓讀者們更能清楚理解步驟順序的「製作順序」標記。尤其對第一次製作這些作品的人，滿滿的做法字讓人難以下手，若能加以提示製作順序，幫忙理出頭緒，相信必能增加作品成功率。

紙型檔案格式說明

書中作品上的紙型編號即是光碟裡的資料夾及檔案名稱，比照你要的紙型編號，就能找到資料夾與檔案。

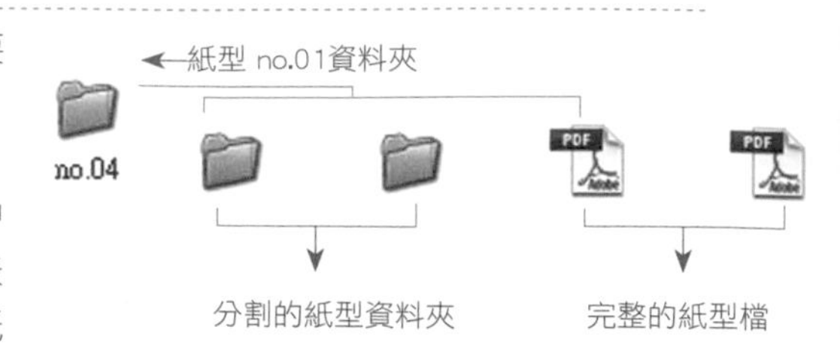

如右圖所示，每個紙型資料夾中會有2個資料夾及1個pdf檔，其中jpg與pdf資料夾內含分割後的jpg及pdf格式的檔案，只需以A4印表機逐檔印出，並照分割紙型上的號碼依序拼貼，即成大張完整紙型。單獨以紙型編號命名的pdf檔為完整尺寸紙型檔，可供噴圖中心大圖輸出，無需拼貼的完整檔案。

如遇分有尺碼的紙型，其檔名為：紙型編號（尺碼）=no.02（M）

小提醒

將紙型送至噴圖或海報中心輸出，需注意尺寸與價碼的換算，一般都以才數計價，一才為30平方公分，價位約40到50元。換算方式為：

輸出尺寸寬×長(公分)÷900＝A

A×價位＝輸出費用

如何使用光碟中的原寸紙型？

jpg格式

光碟內容依照常見A4大小印表機格式，照著下列步驟，簡單設定列印偏好即可拼貼印出。

由於電腦系統不同，列印設定上也稍有不同，選擇合適的版本，跟著教學印出紙型吧！

Microsoft Windows XP

小畫家(Paint)

❶ 開啟軟體 **開始 ➔ 程式集 ➔ 附屬應用程式／小畫家**

❷ 在小畫家中開啟jpg格式紙型檔案

❸ 開啟檔案後點選 **檔案／設定列印格式** 跳出設定視窗

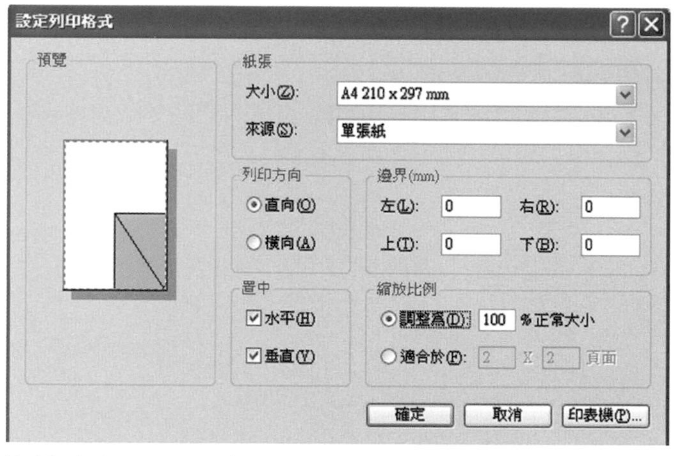

設定如左圖：
紙張大小/A4 210x297mm、
列印方向/直向、
邊界(mm)/左右上下皆為"0"、
水平垂直置中、
縮放比例調整為100%正常大小，
按下確定離開畫面。

❹ 格式設定後點選 **檔案／列印**，印出紙型依序拼貼即成。

Macintosh OS X

預覽程式(Preview)

❶ 開啟軟體 Macintosh HD ➤ **應用程式／預覽程式**

❷ 在預覽程式中開啟jpg格式紙型檔案

❸ 開啟檔案後點選"檔案/列印"跳出列印視窗

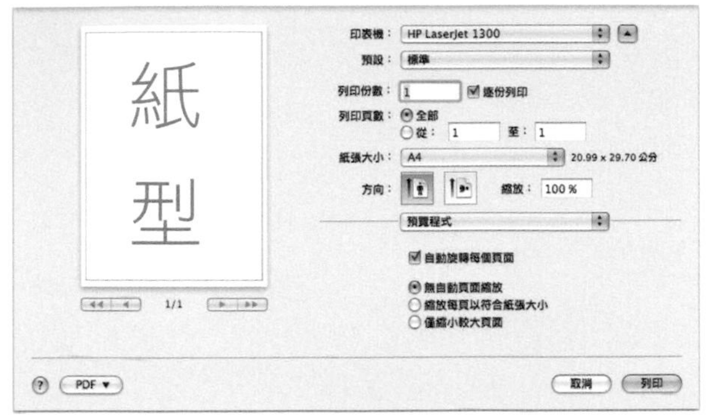

設定如左圖：
選擇印表機、紙張大小/A4 21.00x29.7公分、
方向/直向、影像置中、縮放比例為100%，
按下列印鍵印出紙型依序拼貼即成。

---

pdf格式

首先需確認你的電腦是否存有Adobe Reader軟體，如果沒有，請先上網到Adobe官方網站下載Adobe Reader。

Adobe Reader
官方合法下載路徑 http://get.adobe.com/tw/reader/

Microsoft Windows XP

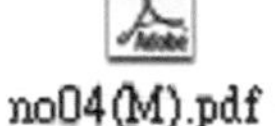
no04(M).pdf

❶ 確認系統中有Adobe Reader軟體狀態下，直接滑鼠雙響兩下開啟檔案。

❷ 開啟檔案後點選"檔案/列印"跳出列印視窗。

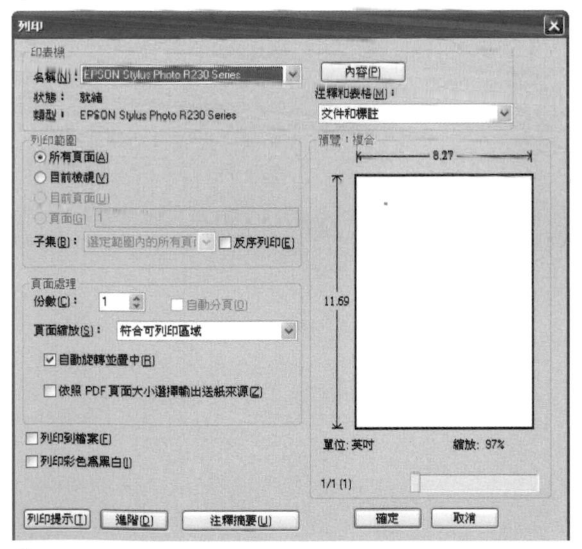

❸ 設定如上圖：
選擇印表機、在列印範圍選"所有頁面"、頁面處理：份數"1"、頁面縮放"無"核取"自動選轉並置中"，按下列印鍵印出紙型依序拼貼即成。

Macintosh OS X

no04(L).pdf

❶ 確認系統中有Adobe Reader軟體狀態下，直接滑鼠雙響兩下開啟檔案。

❷ 開啟檔案後點選"檔案/Print(列印)"跳出Print(列印)視窗。

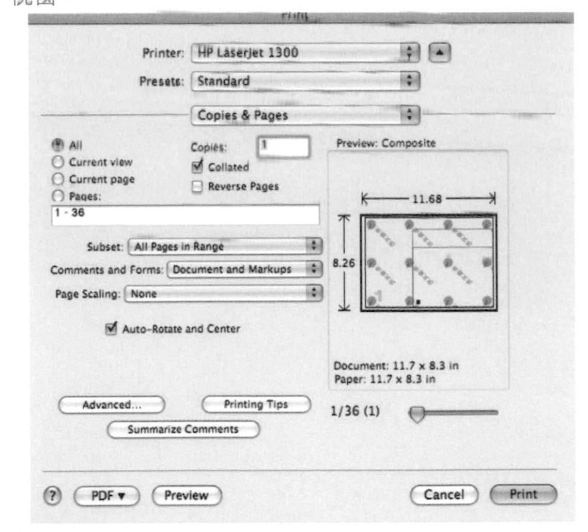

❸ 設定如上圖：
printer(選擇印表機)、Copies & Pages(列印範圍與頁面處理)中點選"All(全部)"核取"Collated(檢視頁面)"、Page Scaling(頁面縮放)選擇"None"核取"Auto-Rotate and Center(自動選轉並置中)"，按下列印鍵印出紙型依序拼貼即成。

可愛波士頓包 Boston Bag

（紙型見光碟no.01）

材料 Materials

袋身布（厚）------------------ 寬110公分×長90公分 1片
口袋、滾邊布（薄）--------- 寬110公分×長60公分 1片
銅拉鍊--------------------------- 25公分 1條

做法 How to Do

1. 沿著紙型裁剪好所需的布片。參照p.113的Q84，以布條方式車縫2條提把，並在布提把兩邊車縫壓線。
2. 口袋上方參照p.105的Q77做三褶縫，再將下方縫份內摺，固定於袋身。
3. 將提把固定在袋身。
4. 將拉鍊固定在袋口。
5. 參照p.129的Q100製作芽條，車縫左右兩邊的側邊使其固定。
6. 參照p.127的Q98，以包邊方式將袋內的縫份布邊包起來即可。

排版方式

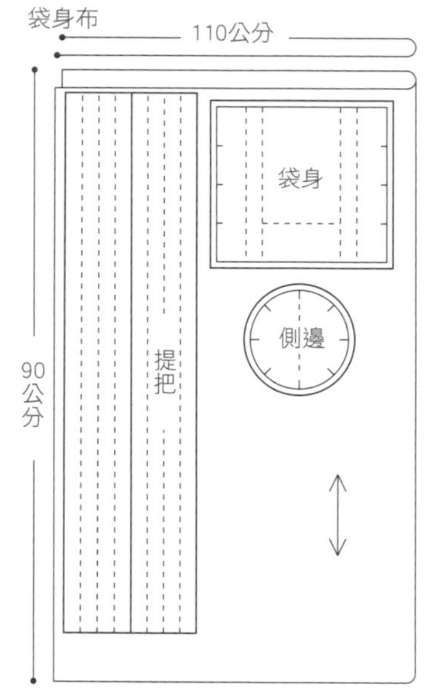

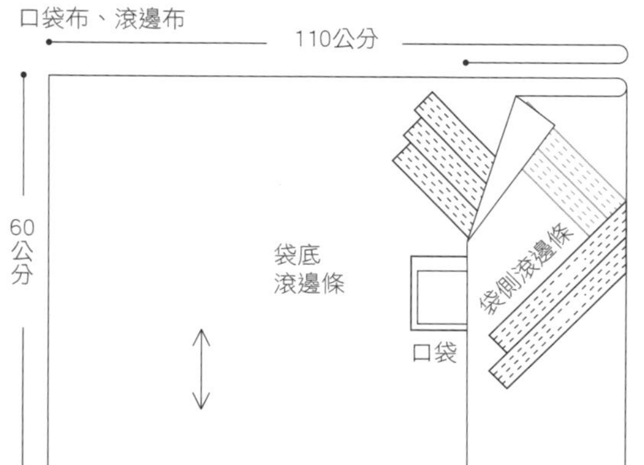

製作順序

製作方法

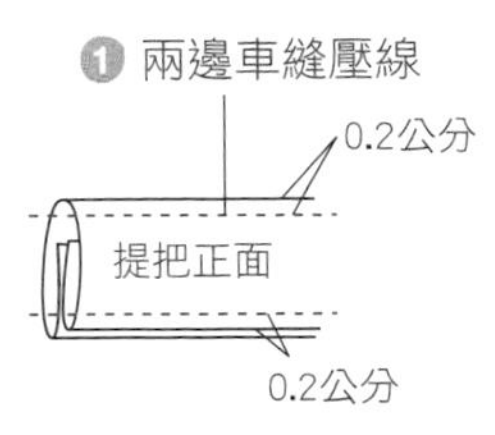
❶ 兩邊車縫壓線
0.2公分
提把正面
0.2公分

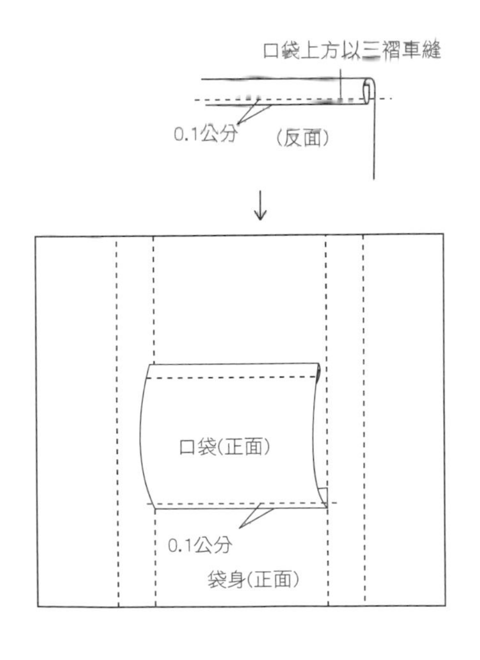
❷ 車縫口袋上方
口袋上方以三褶車縫
0.1公分
(反面)
口袋(正面)
0.1公分
袋身(正面)

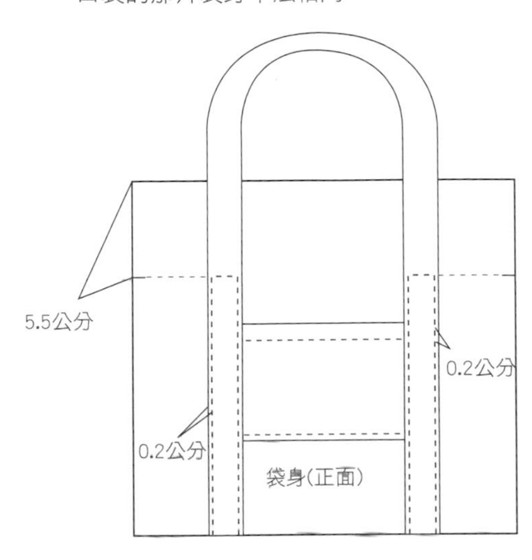
❸ 兩條提把分別固定在兩片袋身上，有口袋的那片袋身車法相同。
5.5公分
0.2公分
0.2公分
袋身(正面)

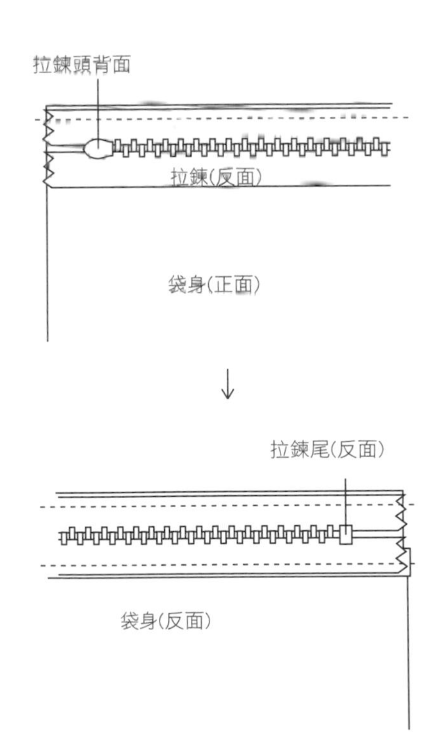
❹ 車縫拉鍊
拉鍊頭背面
拉鍊(反面)
袋身(正面)
拉鍊尾(反面)
袋身(反面)

洋裝 One-piece

（紙型見光碟no.02）

材料 Materials

A布-------------------寬110公分長270公分 1片

B布-------------------寬110公分長30公分 1片

做法 How to Do

❶ 沿著紙型裁剪好所需的布片。車縫前、後片的褶子。

❷ 將前片領口和領口貼邊正面對正面車縫，翻到正面後，在邊緣0.2公分處車縫壓線。

❸ 先車縫前肩和後片肩膀處，再車縫後領和前肩外貼邊肩膀處。

❹ 將外貼邊車縫在肩和後片表面。

❺ 將做法❸、❹完成的肩片和前、後片車縫，再兩邊車縫。

❻ 參照p.105的Q77，下襬以三褶縫車縫。

❼ 車縫袖片。

❽ 縮縫袖口，參照p.127的Q98做袖口滾邊條包邊。

❾ 參照p.90的Q64袖片圓弧形車縫方式，將袖片車縫在身片上即可。

排版方式

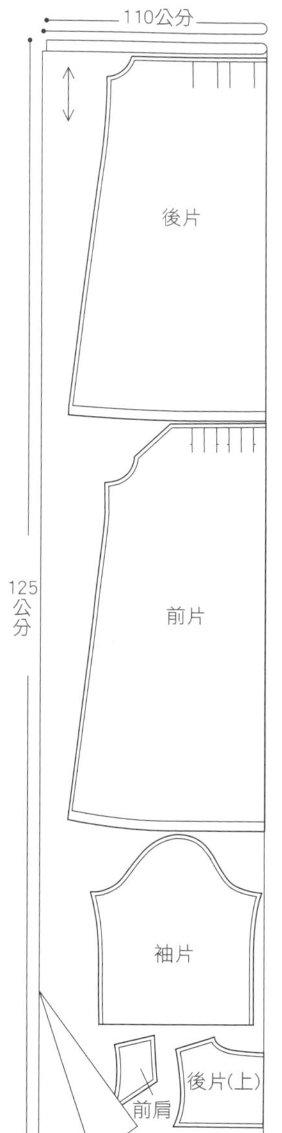

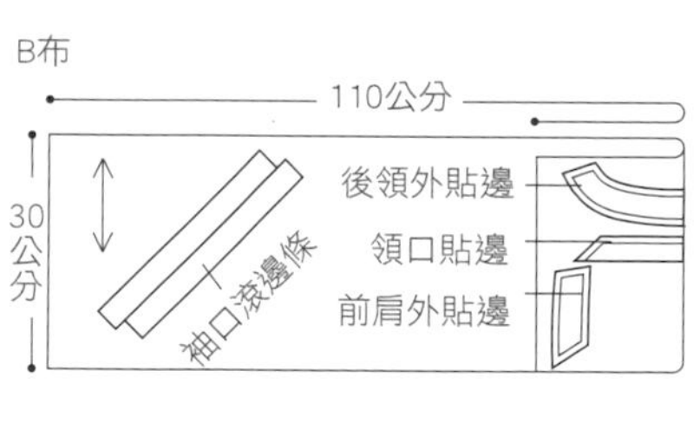

製作順序

製作方法

❶ 車縫前、後片褶子。

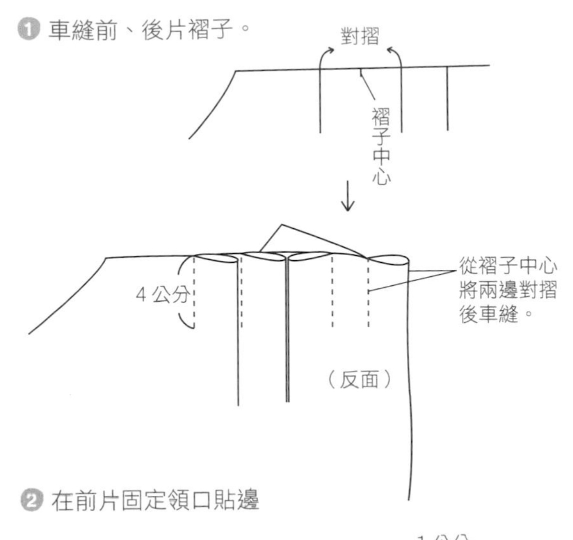

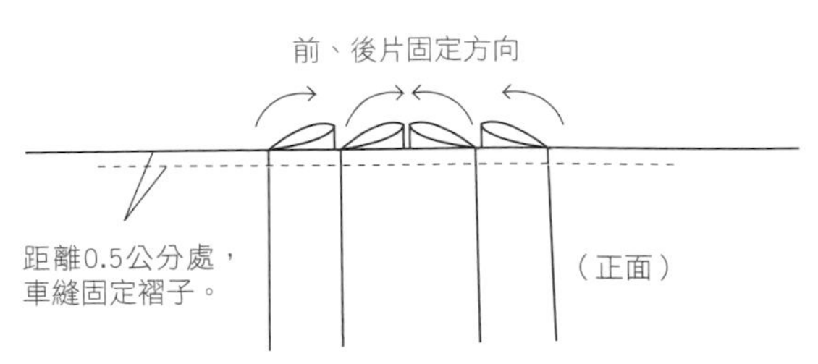

❷ 在前片固定領口貼邊

1 公分

（正面）

翻到正面後，在邊緣0.2公分處車縫壓線。

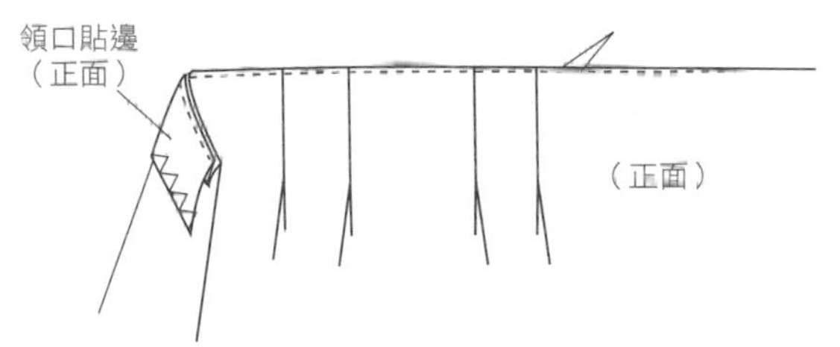

❸ 先車縫前肩和後片肩膀處，再車縫後領和前肩外貼邊肩膀處。

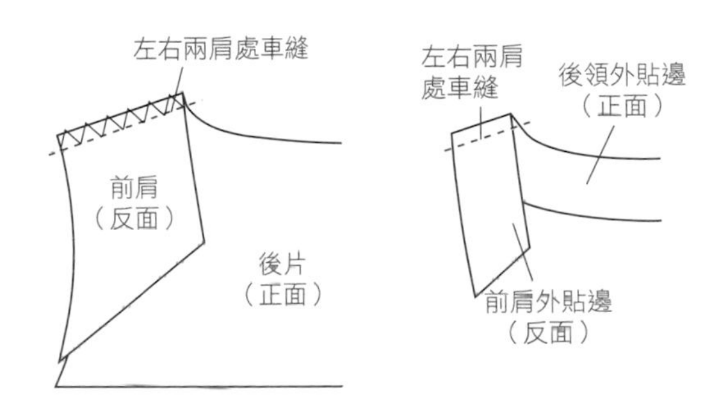

❹ 將外貼邊車縫在前後肩片上

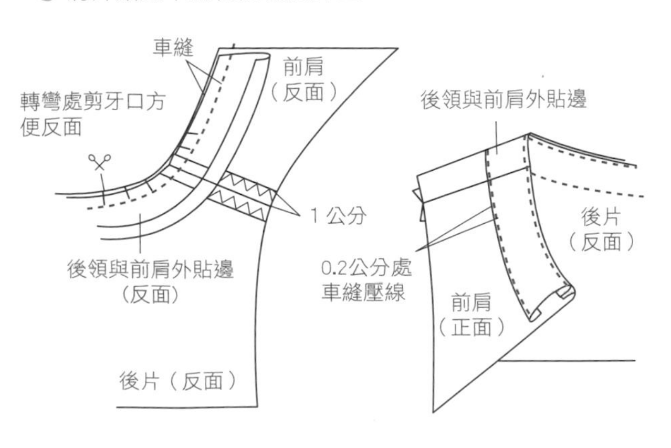

❺ 肩與後片、前片與後片、兩脇邊車縫。

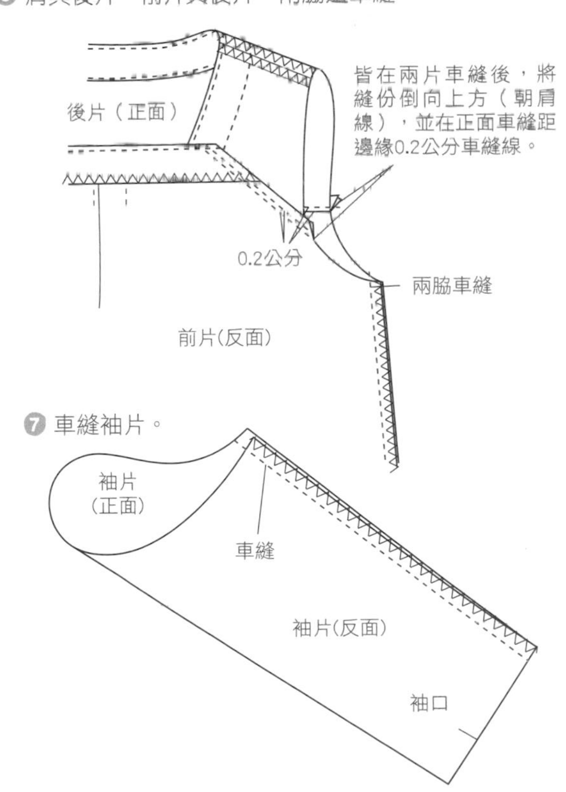

❼ 車縫袖片。

筆袋 Pan Case

（紙型見光碟no.03）

材料 Materials

外片布--------------- 寬30公分×長30公分 1片
裡片布--------------- 寬30公分×長30公分 1片
有背膠夾棉--------- 寬30公分×長30公分 1片
銅拉鍊--------------- 25公分 1條
貼布繡用布--------- 適量
奇異襯--------------- 寬10公分×長10公分 1片

做法 How to Do

1. 沿著紙型裁剪好所需的布片。參照p.108的Q80，將所需圖案以貼布繡方式，把圖案縫在外片布上。
2. 將夾棉以熨斗燙貼在裡片布反面，參照p.101的Q73，再車縫拉鍊。
3. 將裡外袋身兩邊縫好，留一處返口不縫，參照p.119的Q91抓3公分的袋底，再翻回正面，以藏針縫收口即可(藏針縫參照p.88的Q61)。

排版方式

30公分

袋身

裡片、外片 各1片

雙 雙

30公分

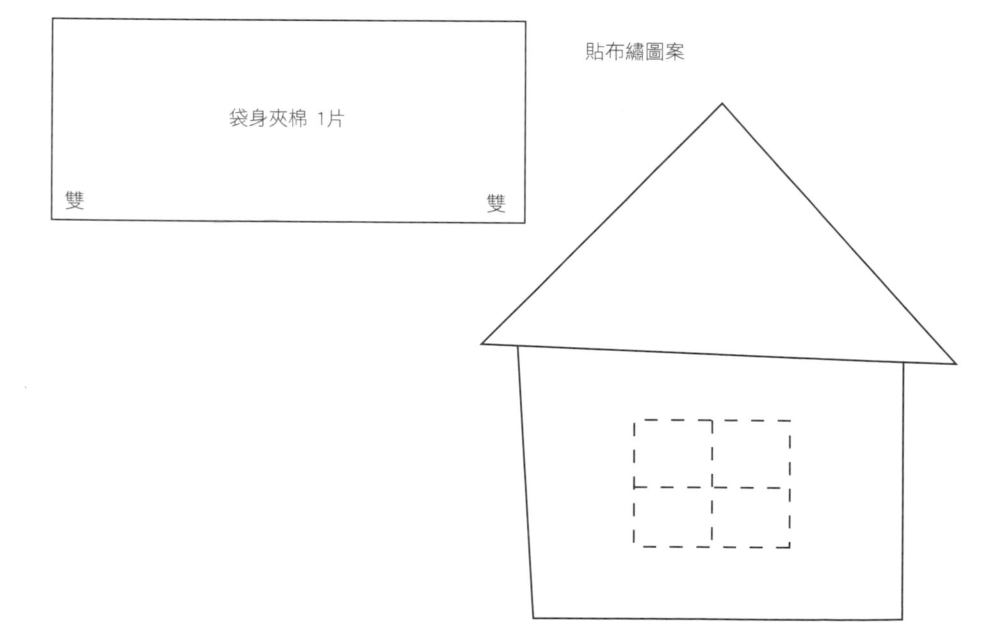

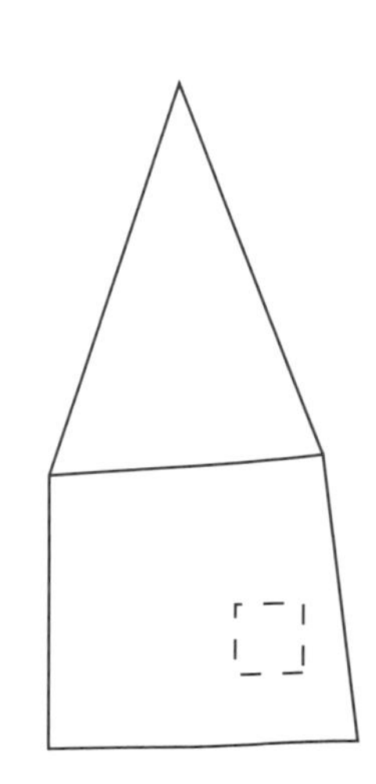

製作順序

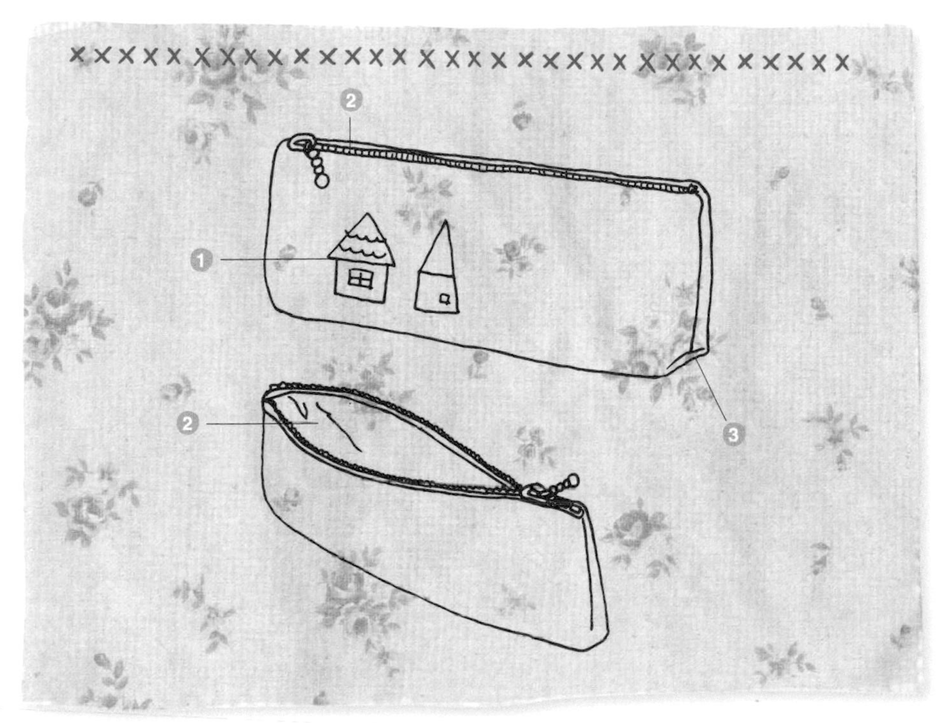

製作方法

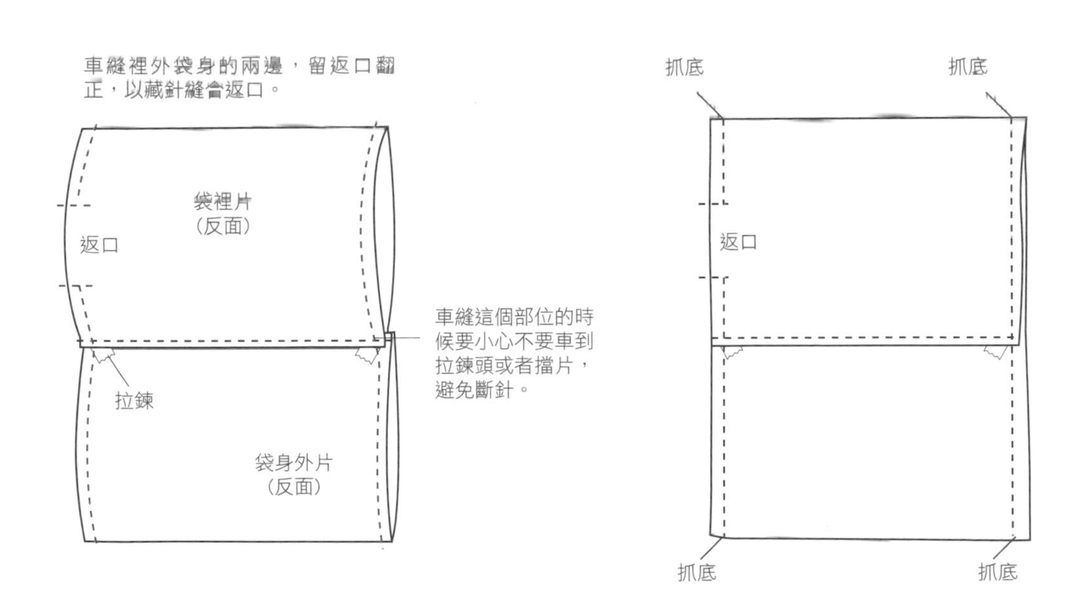
車縫裡外袋身的兩邊，留返口翻
正，以藏針縫合返口。
袋裡片
（反面）
返口
拉鍊
袋身外片
（反面）
車縫這個部位的時
候要小心不要車到
拉鍊頭或者擋片，
避免斷針。
抓底
抓底
返口
抓底
抓底

雙面鬆緊帶裙 Beige Skirt

（紙型見光碟no.04）

材料 Materials

A布-------------------- 寬110公分×長180公分 1片
B布-------------------- 寬110公分×長180公分 1片
鬆緊帶--------------- 寬1.2公分×長75公分 1條

做法 How to Do

❶ 沿著紙型裁剪好所需的布片。先車縫A、B裙片下襬，前片對前片、後片則對後片。
❷ 攤開接縫下襬的裙片，前後片對齊後再車縫兩脇。
❸ 參照p.102的Q74，在A、B面腰頭處，以穿入式鬆緊帶固定法縫好鬆緊帶即可。

排版方式

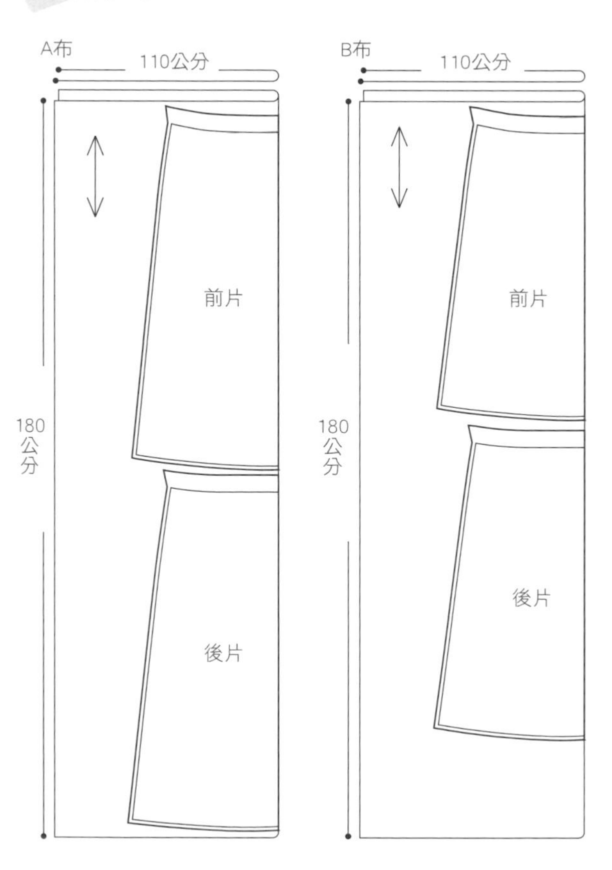

製作順序

製作方法

❶ 前片對前片、後片對後片，將下襬車縫連接。

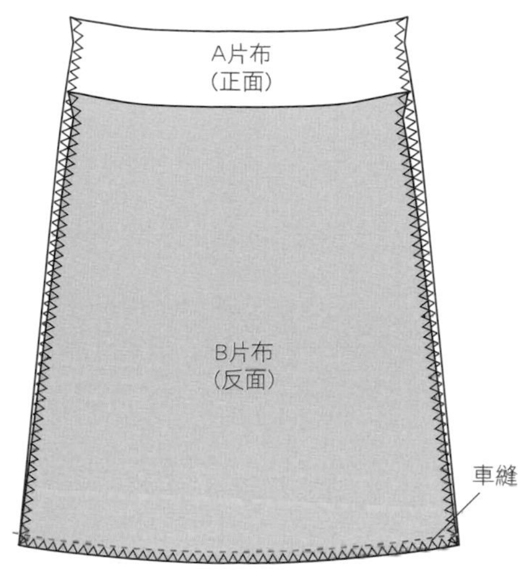

❷ 攤開接縫下襬的裙片，前後片對齊後，車縫兩脇。

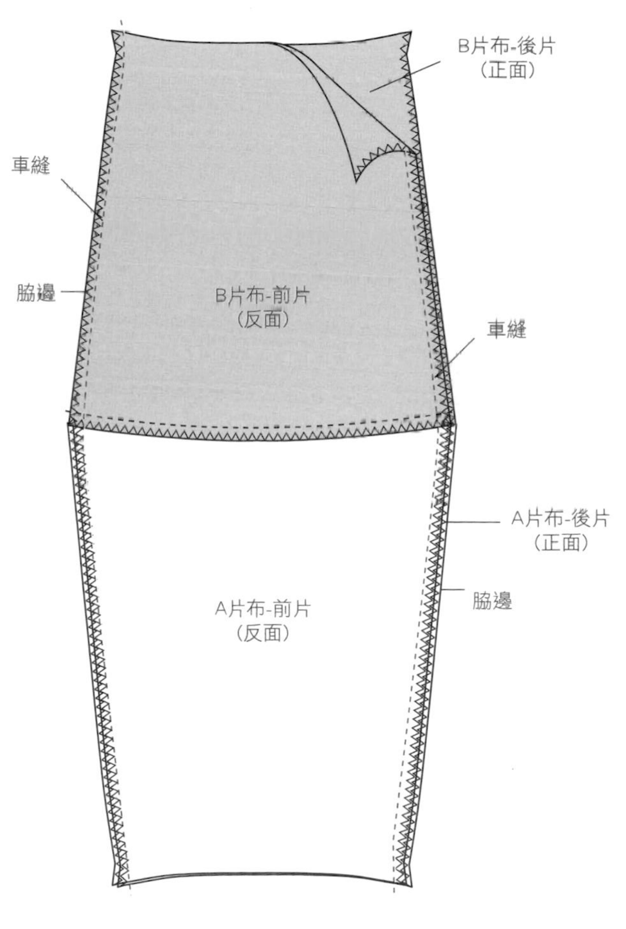

排版方式

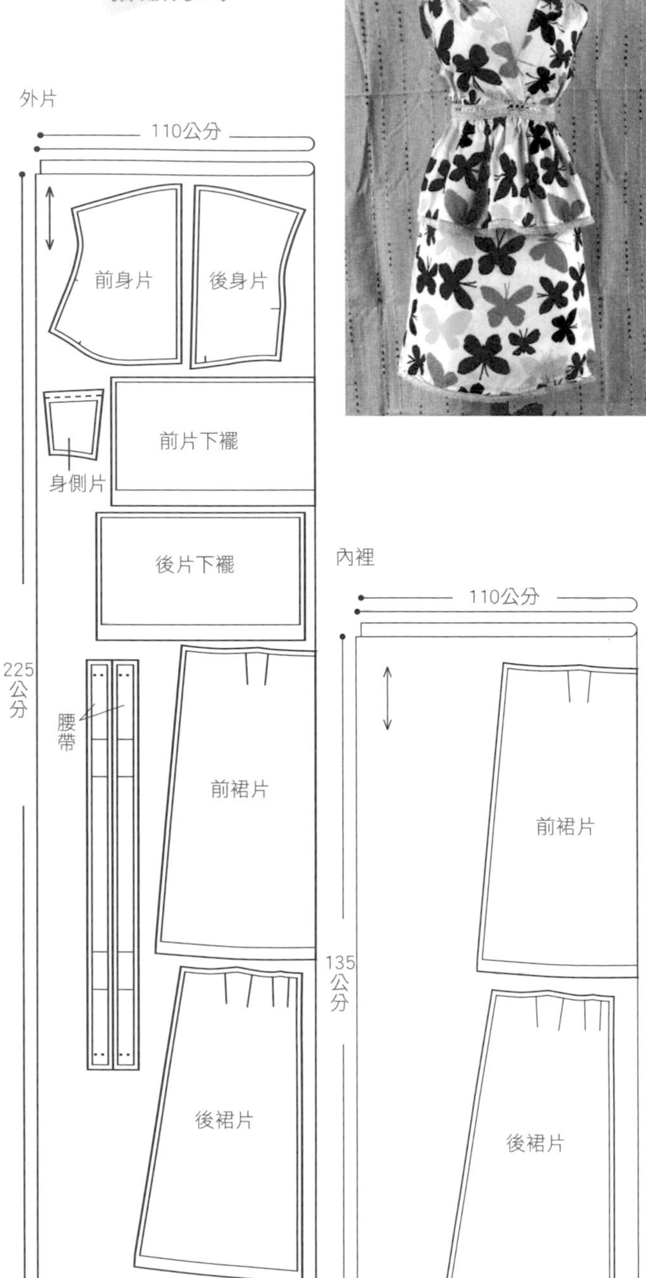

花朵套裝 Flower Suit

（紙型見光碟no.05）

材料 Materials

本布------------------ 寬110公分×長225公分 1片

內裡布--------------- 寬110公分×長135公分 1片

蕾絲------------------ 寬2.5公分長80公分 1（腰）

寬2.5公分長160公分 1條（衣襬）

寬2.5公分長132公分 1條（裙襬）

暗釦------------------ 直徑0.8公分 3組

隱形拉鍊------------ 80吋 1條

做法 How to Do

|上衣|

❶ 沿著紙型裁剪好所需的布片。先車縫肩膀後和身側片，將其連接起來。

❷ 將左、右肩膀縮縫至5.5公分寬。

❸ 車縫前、後下襬後，參照p.123的Q94，將腰處縮縫至和腰帶扣除兩邊縫份後的長度相同。

❹ 車縫腰帶，將身片下襬接起來。

❺ 參照p.105的Q77，下襬處先以三褶車縫固定，再車縫蕾絲。

❻ 在後面開口處手縫上暗釦即可。

|裙子|

❶ 沿著紙型裁剪好所需的布片。先車縫裙子外片、裡片的腰帶褶子，使其固定（依照紙型所標示的褶子記號，車縫方式可參照p.138洋裝領口的褶子做法）。

❷ 車縫裡、外裙的脇邊。

❸ 參照p.100的Q72，車縫好隱形拉鍊。

❹ 裡、外裙的腰頭處從反面車縫，再翻回正面，於邊緣0.2公分處車縫壓線。

❺ 外裙下襬的做法同上衣的做法 ❺ ，裡裙下襬則參照p.105的Q77，以三褶車縫完成即可。

製作順序

製作方法

❶ 車縫肩膀後和身側片，使其連接。

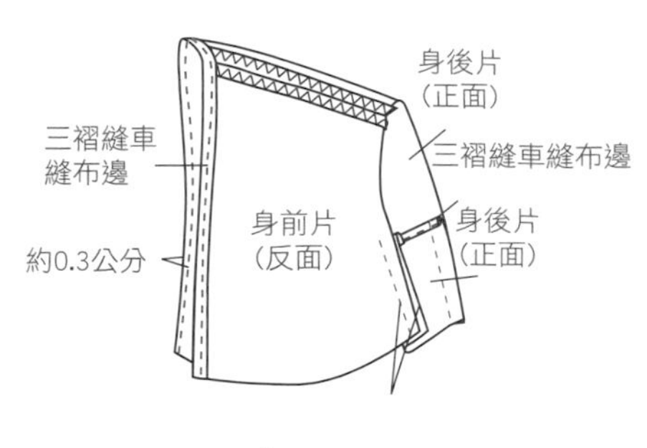

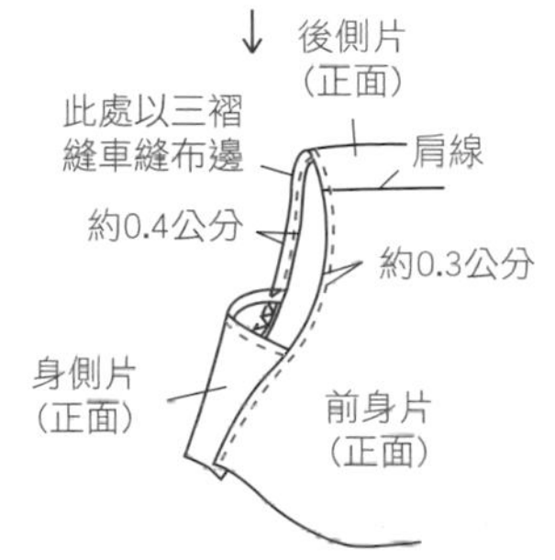

❷ 將左、右肩膀縮縫至5.5公分寬。

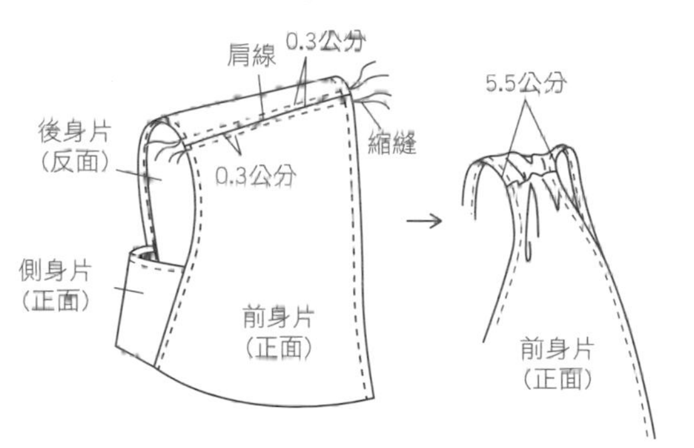

❸ 車縫前後下襬兩脇，腰處縮縫至與腰帶的實際長度相同。

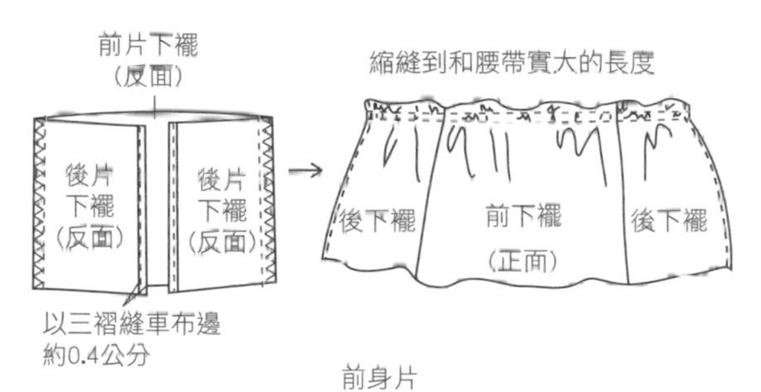

❹ 車縫腰帶，連接身片下襬。

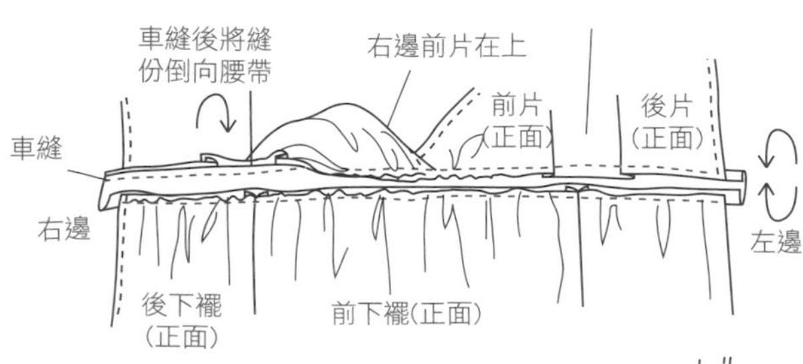

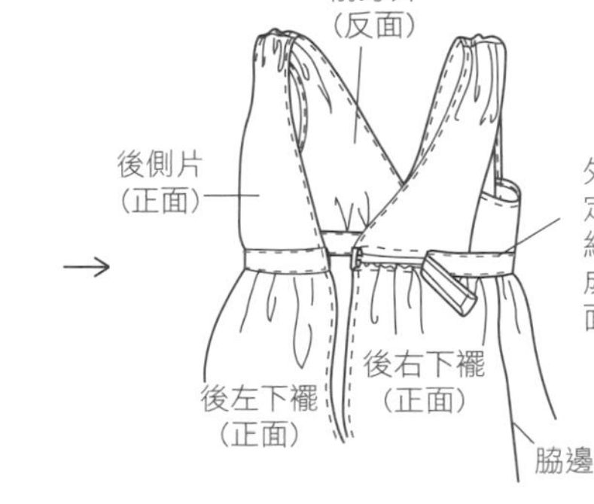

❺ 下襬以三褶縫固定後車縫蕾絲。

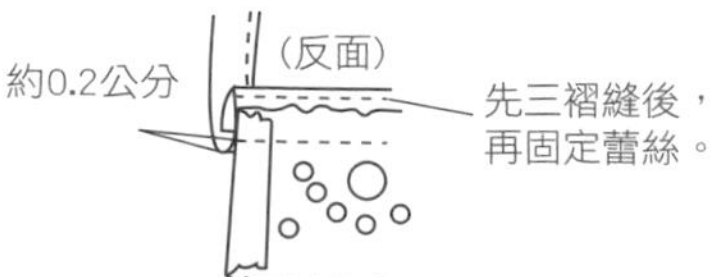

製作順序

製作方法

❷ 將裡、外裙的脇邊車縫連接。

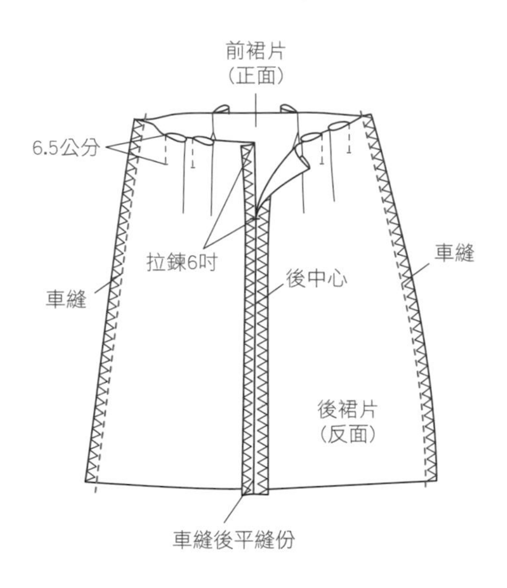

❹ 裡、外裙從反面車縫腰頭後翻到正面，於邊緣0.2公分處車縫壓線。

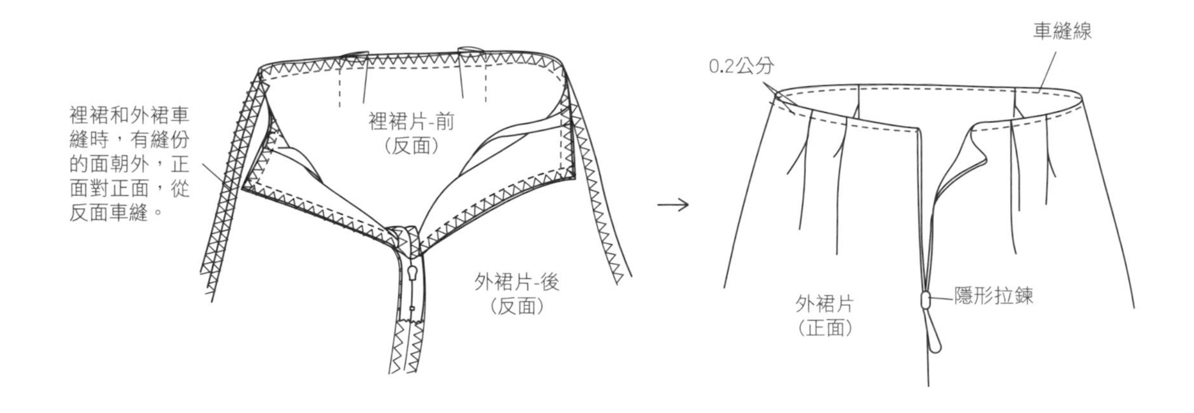

有襯裙洋裝 Lady Skirt

（紙型見光碟no.06）

材料 Materials

洋裝布---------- 寬110公分×長240公分 1片
繡花蕾絲------- 寬5公分以內×長156公分 1條（下襬）
寬5公分以內×長25公分 1條（領口）
寬5公分以內×長40公分 2條（袖口）
襯裙布---------- 寬110公分×長180公分 1片
鬆緊帶---------- 寬1.2公分×長75公分 1條

做法 How to Do

｜洋裝｜

1. 沿著紙型裁剪好所需的布片。參照p.93的Q67，先車縫胸褶。
2. 對齊前、後片的肩線後車縫。
3. 先將蕾絲固定在前領口，再將前、後領口貼邊的肩線對齊車縫，接著和衣前、後片對齊車縫一圈。
4. 車縫兩脇邊。
5. 參照p.138洋裝裙襬的做法，先在袖口車縫蕾絲，對摺後車縫袖線，即成袖管。
6. 參照p.90的Q64，將袖管分別車縫在身片上。
7. 參照p.138洋裝裙襬的做法，車縫蕾絲即可。

｜襯裙｜

1. 車縫襯裙上片和下襬的兩脇邊。
2. 參照p.123的Q94，將內襯裙下襬縮縫至和上裙襬圍同寬度，並和上裙車縫連接。
3. 參照p.102的Q74，以穿入式鬆緊帶固定法縫好鬆緊帶即可。
4. 下襬參照p.102的Q74，三褶方式車縫布邊即可。

排版方式

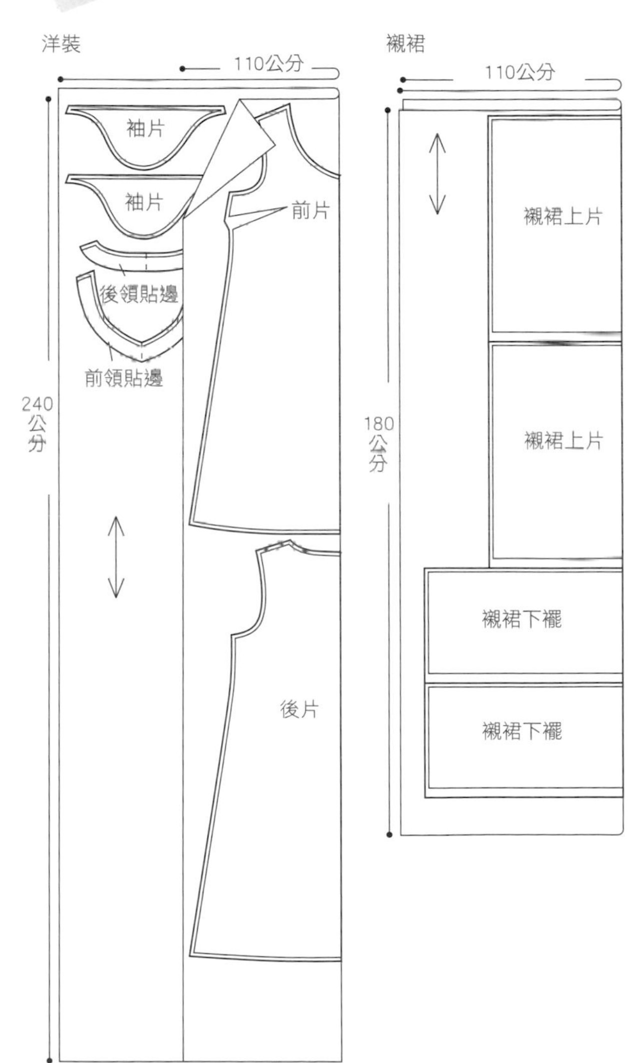

製作順序

3 固定蕾絲與車縫領口貼邊

先將蕾絲放在前片紙型上修剪

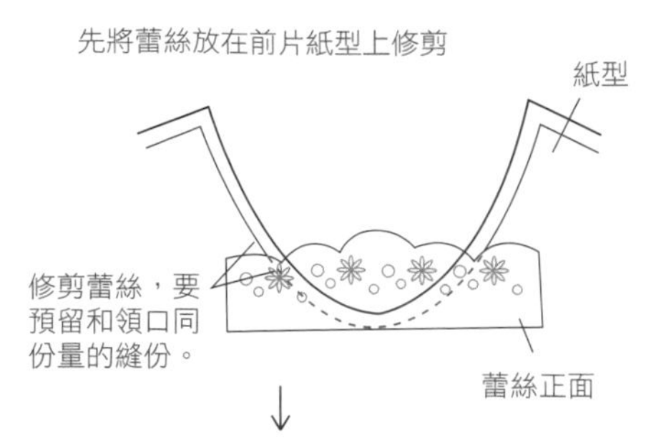

車縫蕾絲

車縫前、後領貼邊的肩線處

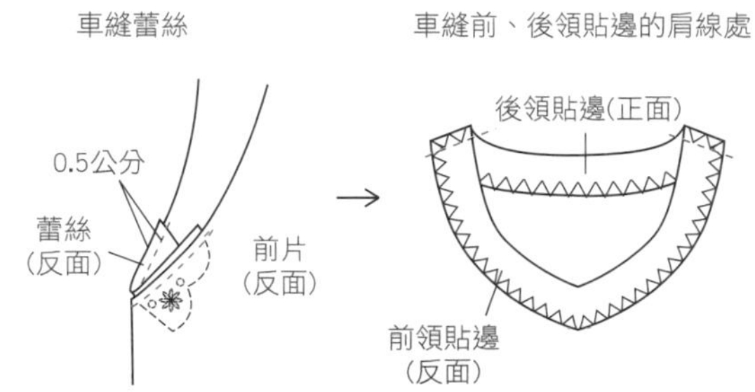

製作方法

1 先車縫胸褶子。

2 車縫前、後片肩線。

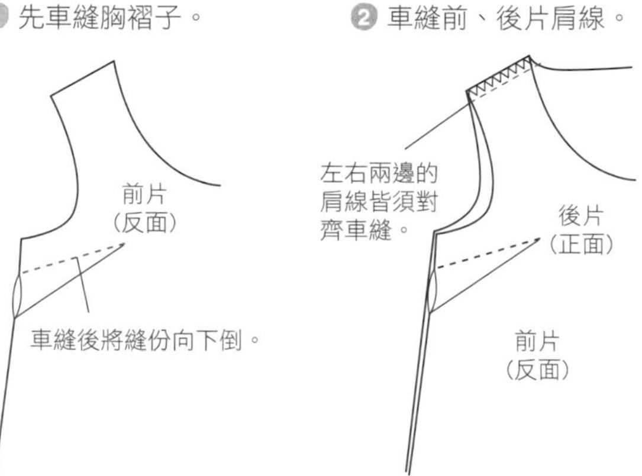

車縫領貼邊

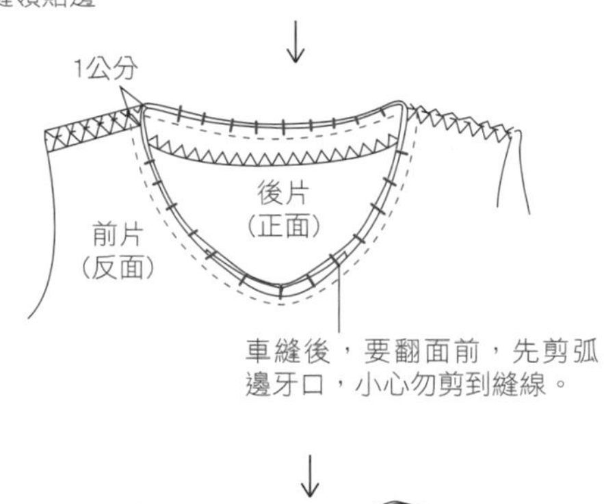

4 車縫兩脇邊。

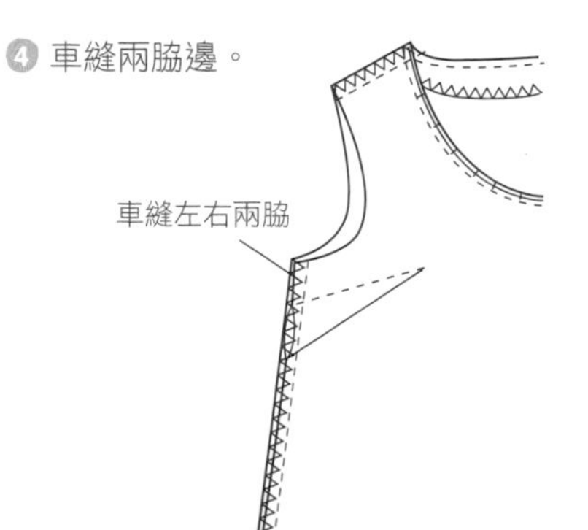

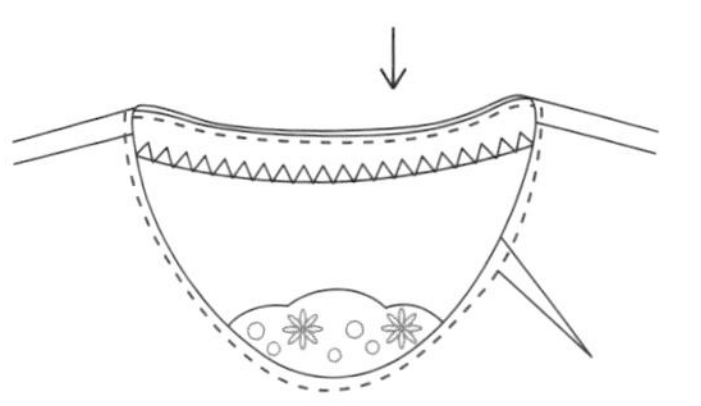

距離邊緣0.2公分，車縫壓線，固定裡面的領口貼邊。

❺ 車縫蕾絲、製作袖管。

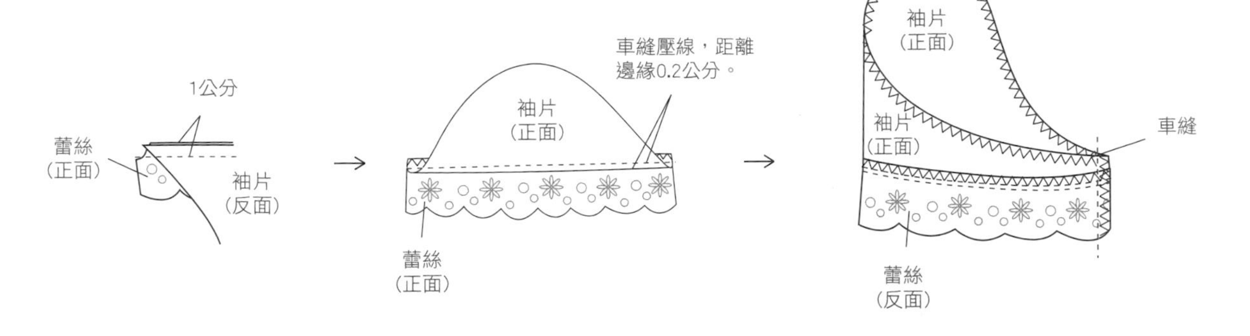

製作順序

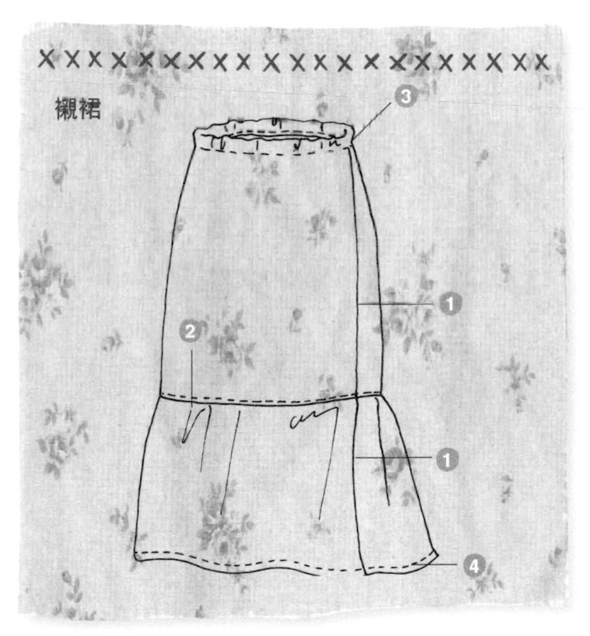

製作方法

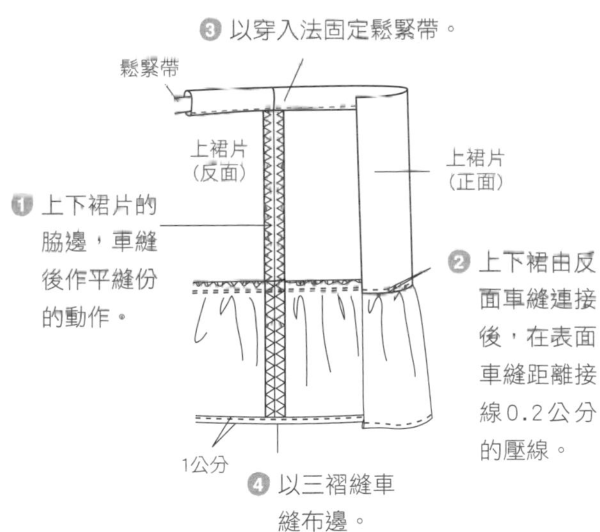

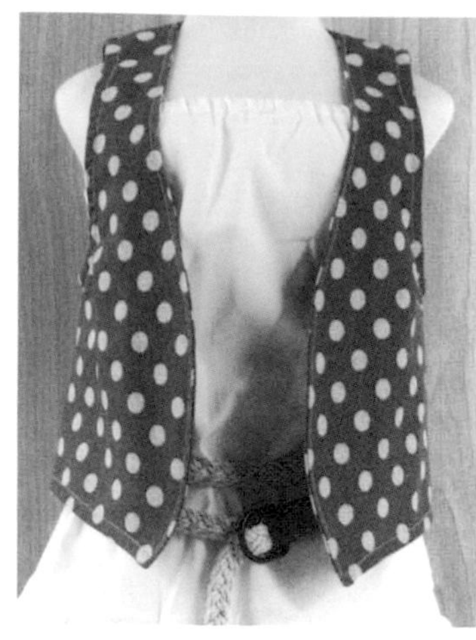

背心 Vest

（紙型見光碟no.07）

材料 Materials

外片------------------ 寬110公分×長125公分 1片
薄布襯--------------- 寬30公分×長60公分 1片

做法 How to Do

1. 沿著紙型裁剪好所需的布片。參照p.93的Q67，先車縫好左、右前片的胸褶。
2. 參照p.47的Q32，將前、後貼邊的反面以熨斗燙貼布襯，接著，將前、後片的雙肩、貼邊車縫，並參照p.79的Q56平縫份。
3. 對齊前、後兩處車縫。
4. 以滾邊方式車縫袖口。
5. 翻回正面，下襬以三褶縫車縫布邊，參照p.93的Q67，在布邊車縫壓線。

排版方式

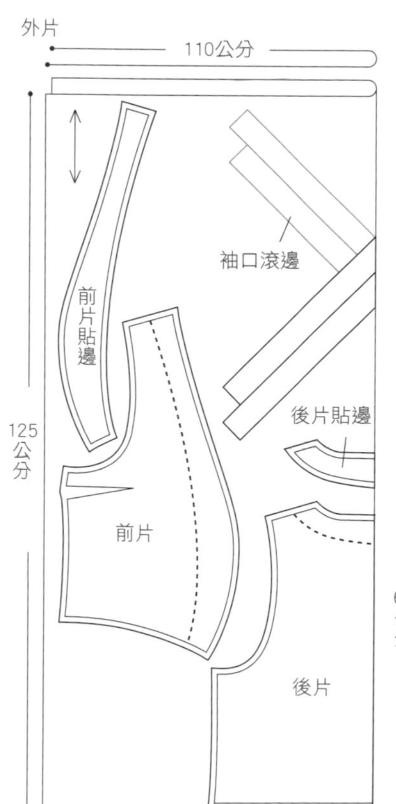

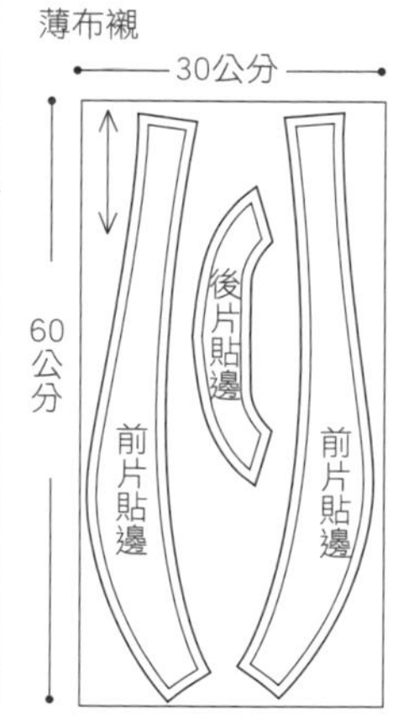

製作順序

製作方法

❶ 先將左、右前片的胸褶車縫

❷ 車縫前、後片的雙肩、貼邊

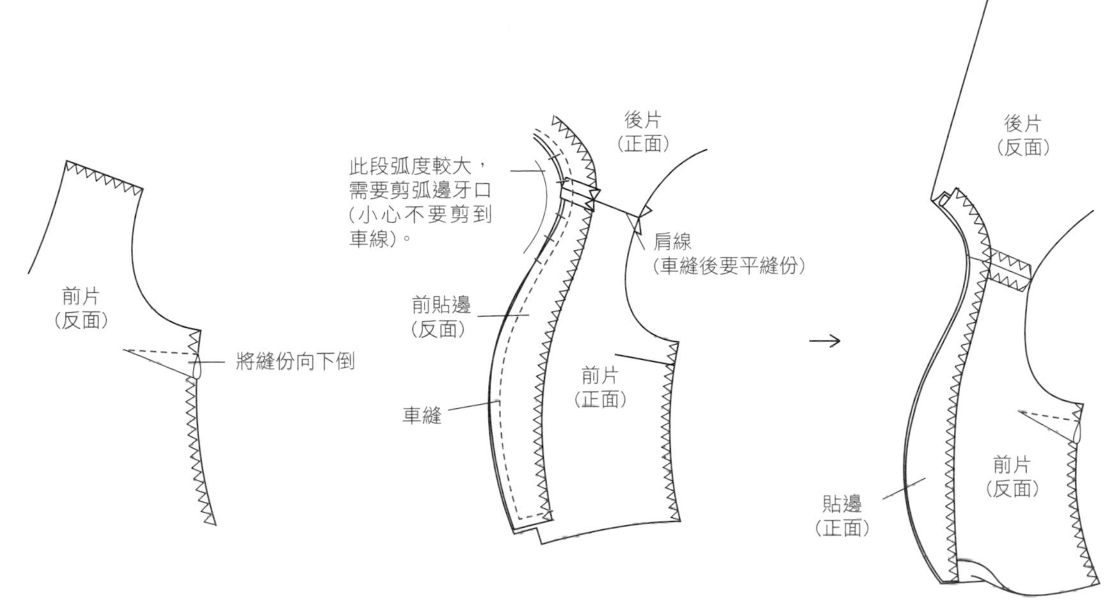

❸ 車縫左右兩脇，並且平縫份。

❹ 袖口以布條滾貼邊

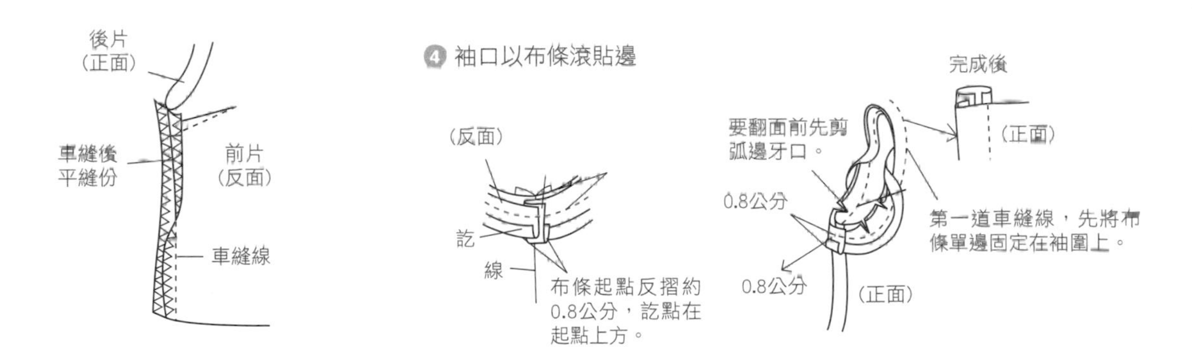

❺ 翻到正面，下襬以三褶縫車縫布邊。

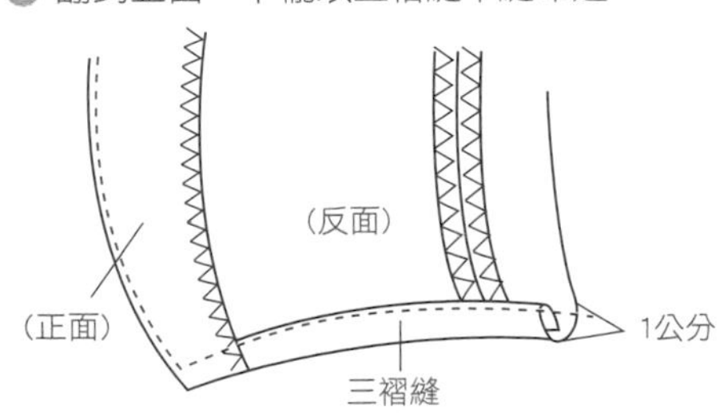

七分褲 Cropped Pants

（紙型見光碟no.08）

排版方式

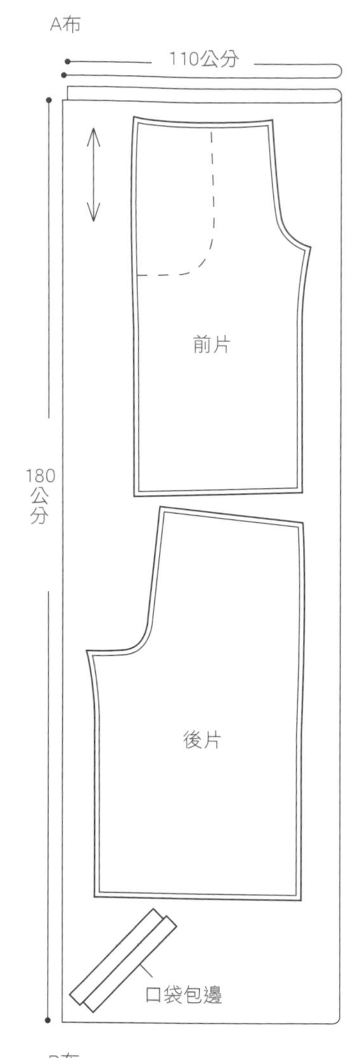

材料 Materials

A布------------------- 寬110公分×長180公分 1片
B布------------------- 寬110公分×長45公分 1片
鬆緊帶--------------- 寬1.2公分×長75公分 1條
厚紙板--------------- 適量

做法 How to Do

1. 沿著紙型裁剪好所需的布片。先在口袋處以布條車縫布邊，參照p.126的Q97，以熨斗將自製口袋型板熨燙口袋弧形，然後車縫在前褲片口袋的位置。
2. 將左、右的前、後褲片的邊，各自對齊車縫成褲管。
3. 將左右褲管從褲襠處對齊車縫。
4. 參照p.105的Q77，褲口以三褶縫車縫。
5. 參照p.102的Q74，腰頭以穿入式車法將鬆緊帶固定即可。

製作順序

製作方法

❶ 口袋以布條車縫布邊（做法同p.150背心袖口）。

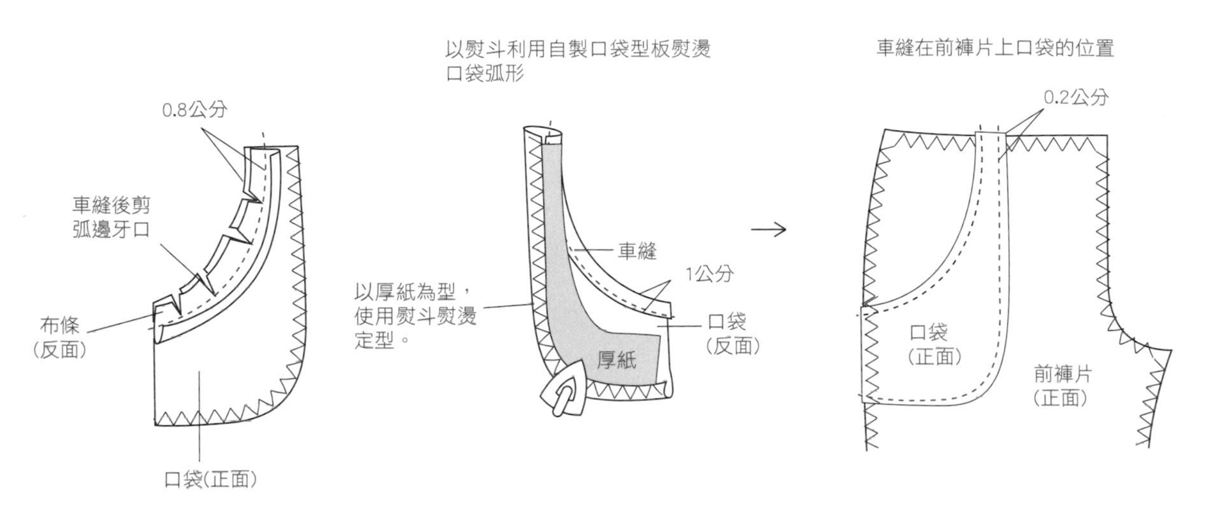

❷ 將左、右的前、後褲片的脇邊，各自對齊車縫成褲、管。

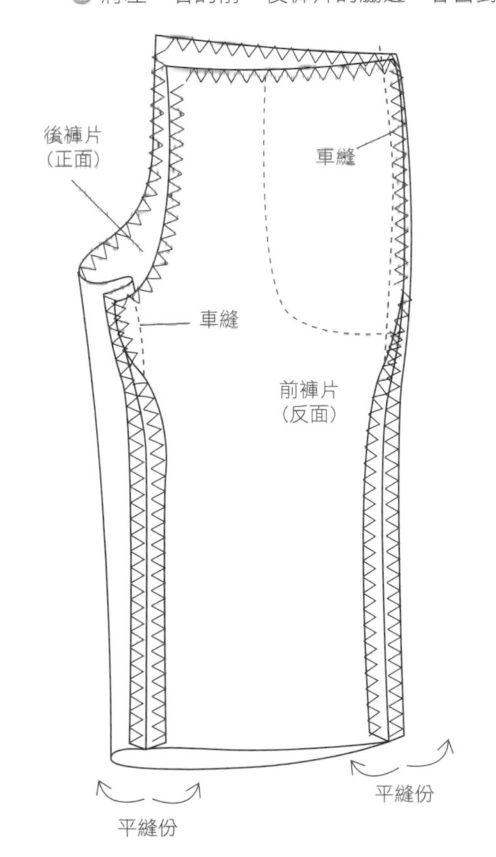

❸ 將左右褲管從褲襠處對齊車縫。

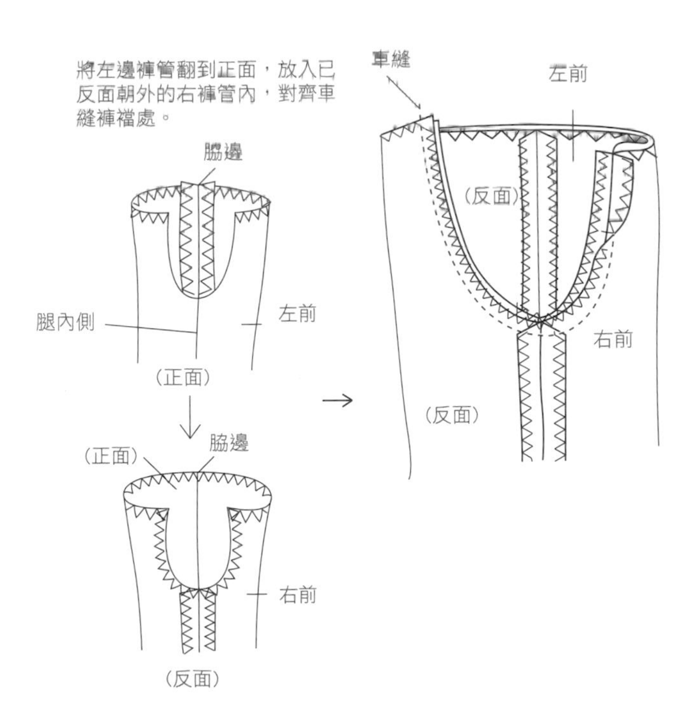

七分袖長外套 Check Long Shirts

（紙型見光碟no.09）

排版方式

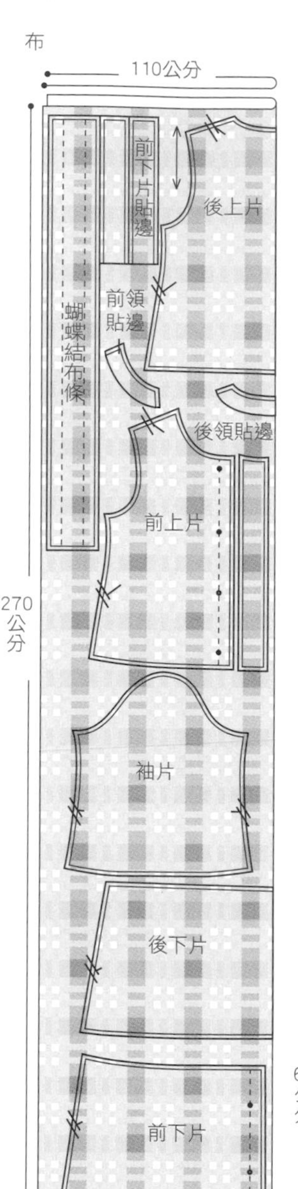

布襯

60公分

60公分

前上片貼邊

前下片貼邊

前領貼邊

後領貼邊

材料 Materials

布--------------------- 寬110公分×長270公分 1片
布襯------------------ 寬60公分×長60公分 1片
暗釦------------------ 直徑1.8公分 6組

做法 How to Do

1. 沿著紙型裁剪好所需的布片。先車縫前、後片肩線、兩脇車縫，然後平縫份。
2. 車縫前、後兩片，參照p.123的Q94，縮縫後和上片接縫組合。
3. 參照p.47的Q32，將前上、下片貼邊的反面以熨斗燙貼芯（布襯），接著和腰處接縫，再和身片車縫，同p.144背心的做法。
4. 車縫袖片，再參照p.138洋裝的做法車縫身片，袖口以三褶方式車縫布邊。
5. 下襬以三褶縫方式車縫。
6. 參照p.113的Q84、p.115的Q86，製作領口蝴蝶結緞帶，再以手縫固定，最後參照p.49的Q34縫上暗釦即可。

製作順序

製作方法

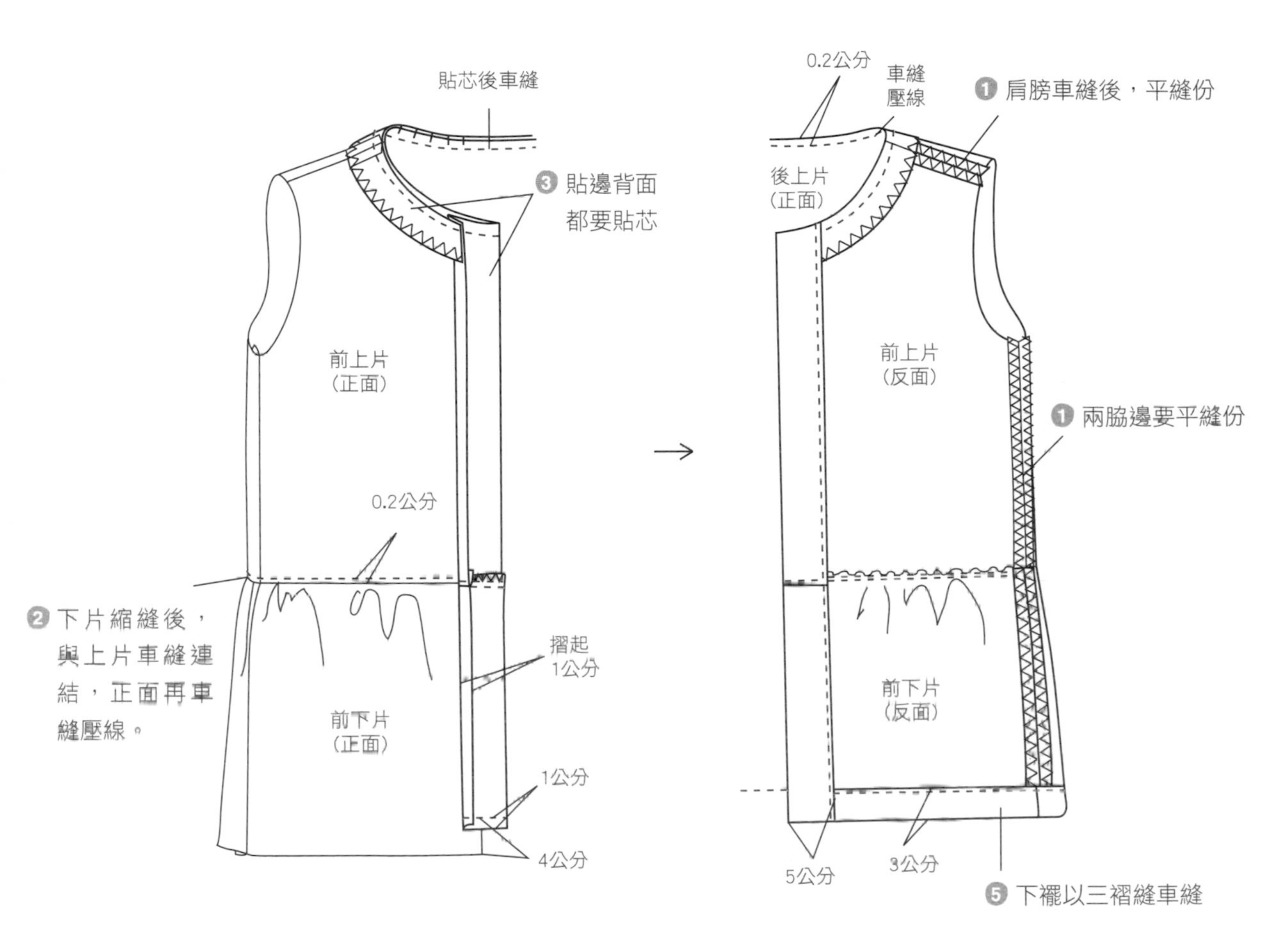
貼芯後車縫
❸ 貼邊背面
都要貼芯
前上片
(正面)
0.2公分
❷ 下片縮縫後，
與上片車縫連
結，正面再車
縫壓線。
摺起
1公分
前下片
(正面)
1公分
4公分
0.2公分
車縫
壓線
❶ 肩膀車縫後，平縫份
後上片
(正面)
前上片
(反面)
❶ 兩脇邊要平縫份
前下片
(反面)
5公分
3公分
❺ 下襬以三褶縫車縫

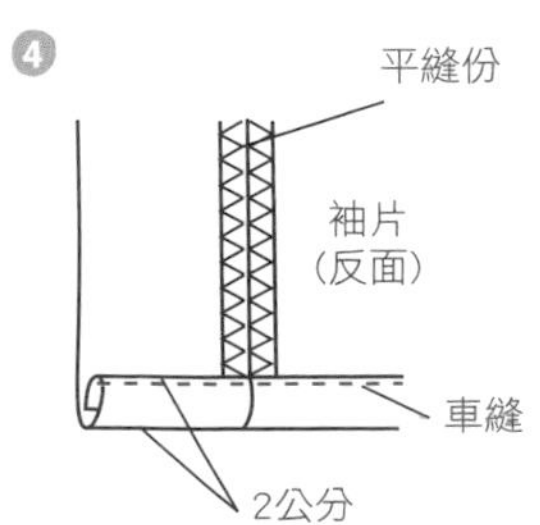
❹
平縫份
袖片
(反面)
車縫
2公分

繡花手帕 Embroidery Handkerchief

（紙型見光碟no.10）

材料 Materials

布--------------------- 寬30公分×長30公分 1片
各色繡線------------ 適量

做法 How to Do

❶ 沿著紙型裁剪好所需的布片。以消失筆先在布面上構圖，參照p.84的Q60以手縫平針、鏈條繡，繡好圖案。

❷ 參照p.105的Q77、p.106的Q78，將布邊以三褶縫和直角縫邊即可。

排版方式

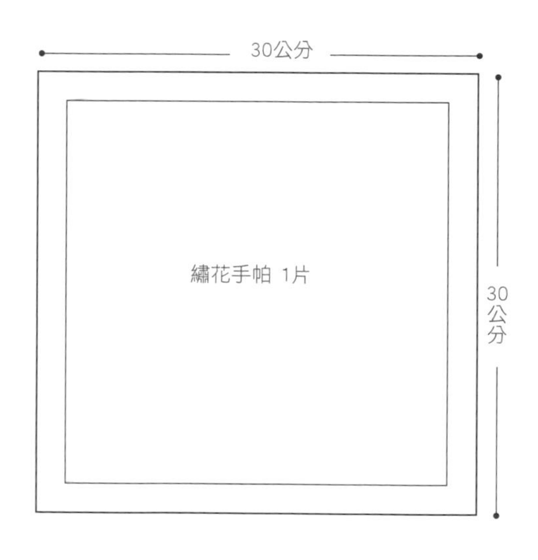

製作順序

縮小圖形50%（參照光碟中的no.10檔案）

Index
索引

以下索引內容是以功能做區分，分成工具、材料、測量和記號，以及縫紉技巧和書中表格等5大類，方便讀者查詢。

工具

材料

測量和記號

縫紉技巧

書中圖表格

材料工具哪裡買？

該去哪裡買縫紉相關的材料和工具好呢？除了一些實體的店面，網路也是購買這類用具的好地方。但建議購買如縫紉機等較大型、金額較高的工具時，仍以實體店面為佳，可前往多家門市或直營店，多做比較、實際上機操作後再購買。而布料等小材料，若住在交通不方便的區域，可利用網路選購，省下不少時間。以下介紹幾家工具和材料行，建議讀者前往時先以電話詢問營業時間。

北部地區

店名	地址	電話
華興布行	台北市迪化街一段21號2樓2018室（永樂市場2樓）	（02）2559-3960
傑威布行	台北市迪化街一段21號2樓2043、2046室	（02）2559-0877
協和工藝材料行	台北市天水路51巷18號1樓	（02）2555-9680
金泉飾品	台北市民樂街75號1～2樓	（02）2550-0203
中一布行	台北市民樂街9號	（02）2558-2839
五福飾品材料行	台北市太原路99號	（02）2559-0500
幅新手織	台北市忠孝東路四段177號7樓	（02）2781-1699
小熊媽媽	台北市延平北路一段51號	（02）2550-8899
羊毛氈手創館	台北市羅斯福路四段162號6樓-3	（02）2366-0599
大滿國際時尚貿易有限公司	台北市迪化街一段36號	（02）2559-6161
HANS手創館	台北市復興南路一段39號6樓	（02）8772-1116
瑞山手工藝有限公司	桃園市民生路325號	（03）337-9000
台灣喜佳台北生活館	台北市中山北路一段79號	（02）2523-3440
台灣喜佳士林旗艦店	台北市文林路511號1樓	（02）2834-9808
台灣勝家縫紉機器股份有限公司台北店	台北市中正區信義路二段169號	（02）2321-7549
台灣喜佳桃園旗艦店	桃園市中山路169號	（03）337-9570

中部地區

店名	地址	電話
薇琪拼布	台中市興安路二段453號	（04）2243-5768
喜佳縫紉精品	台中市中正路131號1樓	（04）2223-6618
德昌手藝生活館	台中市東區復興路四段108號	（04）2225-0011
小熊媽媽股份有限公司	台中市中正路190號	（04）2225-9977
吳響峻布莊	台中市繼光街83號	（04）2224-2256
鑫韋布莊	台中市綠川東街70號	（04）2226-2776
巧藝社	台中市繼光街143號	（04）2225-3093
中美布莊	台中市中正路393號1樓	（04）2224-4325
台灣喜佳台中生活館	台中市中正路131號1樓	（04）2223-6618
台灣勝家縫紉機器股份有限公司台中店	台中市中區中正路287號	（02）2559-6161
六碼手藝社	彰化市長壽街196號	（04）2726-9161
布工坊	南投市三和一路24號	（049）220-1555
丰配屋	雲林縣斗六市永安路112號	（05）534-3206

南部地區

品鴻服飾材料行	台南市文南路304號	（06）263-7317
千美手工藝材料行	台南市榮譽街47巷1號	（06）223-2350
江順成	台南市西門商場16號	（06）222-3553
清秀佳人	台南市西門商場22號	（06）227-0314
福夫人布莊	台南市西門路二段145-29號（西門商場）	（06）225-1441
台灣喜佳台南旗艦店	台南市中正路69號	（06）220-0618
吳響峻棉布專賣店	高雄市新興區青年一路230、232號	（07）251-8465
隆德貿易	高雄市復興二路25-5號	（07）537-7198
小熊媽媽股份有限公司	高雄市林森三路182號（廣西路口）	（07）535-0123
建新服裝材料、建新鈕釦	高雄市林森一路156號	（07）281-1827
秀偉手工藝材料行	高雄市十全一路369號	（07）322-7657
巧工拼布材料行	高雄市博愛路17號	（07）323-4983
宏偉手工藝材料行	高雄市三民區十全一路369號	（07）322-7657
英秀手藝行	高雄市五福三路103巷16號	（07）241-2412
台灣喜佳高雄生活館	高雄市中正三路110號	（07）235-9738
台灣勝家縫紉機器股份有限公司高雄店	高雄市苓雅區四維二路94-14號	（07）711-3491
憶麗手藝材料行	高雄縣鳳山市五甲二路529巷39號	（07）841-8989

網路商店

德昌手藝世界	http://www.diy-crafts.com.tw/
小熊媽媽DIY 物網	http://www.bearmama.com.tw/
五福飾品材料行	http://www.cxe.com.tw/

個人網拍

Maggilly網拍	http://tw.user.bid.yahoo.com/tw/user/maggi163cm
Billy的布落格	http://tw.user.bid.yahoo.com/tw/booth/ilikegsbh2
哈克拼布設計坊	http://tw.user.bid.yahoo.com/tw/user/hark2288
小胡拼布	http://tw.user.bid.yahoo.com/tw/user/tsangstudio

裁縫新手的100堂課

520張照片、100張圖表和圖解，加贈原尺寸作品光碟，最詳細易學會！

國家圖書館出版品預行編目

裁縫新手的100堂課
520張照片、100張圖表和圖解，加贈原尺寸作品光碟，最詳細易學會！

楊孟欣著----初版----
台北市：朱雀文化，2010.09（民99）
面：公分----（Hands029）
ISBN 978-986-6780-76-9
1.縫紉
426.3

作者 楊孟欣
攝影 楊孟欣
美術設計 潘純靈
編輯 彭文怡
校對 連玉瑩
企劃統籌 李橘
行銷 林孟琦
總編輯 莫少閒
出版者 朱雀文化事業有限公司
地址 台北市基隆路二段13-1號3樓
電話 02-2345-3868
傳真 02-2345-3828
劃撥帳號 19234566朱雀文化事業有限公司
e-mail redbook@ms26.hinet.net
網址 redbook.com.tw
總經銷 大和書報圖書股份有限公司（02）8990-2588
ISBN 978-986-6780-76-9
初版十三刷 2016.12
定價 360元

出版登記北市業字第1403號

XXXXXXXXXXXXXXXXXXXXXXXXXXXXXXXXXXXXXXXXXXXXXX

About 買書

●朱雀文化圖書在北中南各書店及誠品、金石堂、何嘉仁等連鎖書店，以及博客來、讀冊、PC HOME等網路書店均有販售，如欲購買本公司圖書，建議你直接詢問書店店員，或上網採購。如果書店已售完，請電洽本公司。
●●至朱雀文化網站購書（redbook.com.tw），可享折扣。
●●●至郵局劃撥（戶名：朱雀文化事業有限公司，帳號：19234566），掛號寄書不加郵資，4本以下無折扣，5～9本95折，10本以上9折優惠。
●●●●週一至週五上班時間，親自至朱雀文化買書可享9折優惠。